Ludwig Distel

Die Formen alpiner Hochtäler

insbesondere im Gebiet der Hohen Tauern und ihre Beziehungen zur

Eiszeit

Verlag
der
Wissenschaften

Ludwig Distel

Die Formen alpiner Hochtäler

insbesondere im Gebiet der Hohen Tauern und ihre Beziehungen zur Eiszeit

ISBN/EAN: 9783957006929

Auflage: 1

Erscheinungsjahr: 2016

Erscheinungsort: Norderstedt, Deutschland

Hergestellt in Europa, USA, Kanada, Australien, Japan
Verlag der Wissenschaften in Hansebooks GmbH, Norderstedt

Cover: Foto ©Ulli Lehner / pixelio.de

Verlag
der
Wissenschaften

Landeskundliche Forschungen,
herausgegeben von der Geographischen Gesellschaft in München.
Heft 13.

Die Formen alpiner Hochtäler

insbesondere im Gebiet der

Hohen Tauern

und ihre Beziehungen zur Eiszeit.

Von

Dr. L. Distel.

Mit 6 Tafeln und 16 Abbildungen im Text.

München 1912.
In Kommission bei Theodor Riedels Buchhandlung.
Depot der Kgl. Bayer. Generalstabskarten.

Schliffkehle im obersten Hirzbachtal.

Landeskundliche Forschungen,
herausgegeben von der Geographischen Gesellschaft in München.
Heft 13.

Die Formen alpiner Hochtäler

insbesondere im Gebiet der

Hohen Tauern

und ihre Beziehungen zur Eiszeit.

Von

Dr. L. Distel.

Mit 6 Tafeln und 16 Abbildungen im Text.

München 1912.
In Kommission bei Theodor Riedels Buchhandlung.
Depot der Kgl. Bayer. Generalstabskarten.

Inhaltsübersicht.

		Seite
Einleitung		1
I. Talbeschreibung		9
1. Krimmler Achental und Nebentäler		9
2. Obersulzbachtal		14
3. Untersulzbachtal		19
4. Habachtal		22
5 Hollersbachtal		24
6. Felbertal		31
6a. Amertal		36
7. Stubachtal und Nebentäler		39
8. Mühlbachtal		45
9. Kaprunertal		46
10. Fuschertal und Nebentäler		51
11. Rauris und Nebentäler		56
11a. Seitenwinkeltal		59
12. Gasteinertal und Nebentäler		61
13. Salzachtal		66
II. Zusammenfassung		71
A. Die obere Gletschergrenze		71
B. Taltrog, Talstufen, alter Talboden		79
C. Kare, Stadien		102
Tabellen		108
Bemerkungen zu den Tafeln, Figuren und Textbildern		127
Literaturübersicht		130

Die Formen alpiner Hochtäler, insbesondere im
Hohen Tauerngebiet,
und ihre Beziehungen zur Eiszeit.

Von Dr. L. Distel.

(Mit 6 Tafeln und 16 Abbildungen im Text.)

Einleitung.

Die Lektüre des Aufsatzes von Heß über den Taltrog[1] regte mich an, die Verifizierung der dort ausgesprochenen Idee, daß sich die Vierzahl der Eiszeiten, die aus den fluvioglazialen Ablagerungen der Vorländer erschlossen wurde[2]), in den Alpentälern morphologisch nachweisen lasse, in Gebieten zu versuchen, auf welche der Verfasser seine Studien bisher nicht ausgedehnt hatte. Mein hochverehrter Lehrer und Chef Professor v o n Drygalski bekräftigte mich in der Meinung, daß die systematische Untersuchung der Täler in dieser Hinsicht zur Klärung umstrittener Fragen erwünscht sei. Als Arbeitsfeld schienen die nördlichen Quertäler der Hohen Tauern[3]) in mehrfacher Hinsicht geeignet. Ihre ziemlich gleichmäßige Anordnung und einheitliche Erosionsbasis bot Aussicht, eine allgemeine Erscheinung ohne störende Einflüsse verfolgen zu können, ihr Verlauf, teils im Schiefer, teils im Zentralgneis, verhieß Klarstellung des Einflusses, den petrographische Verschiedenheit allenfalls bedingen mochte.

Eine erste Begehung im Herbst 1907 (9. September bis 3. Oktober) berührte die Mehrzahl der Täler von Gastein bis Krimml und erstreckte sich noch auf das Wildgerlostal. Sie schulte den Blick für die morphologischen Erscheinungen des Hochgebirges und bot bereits Material, zu dessen Verwertung die

[1]) Petermanns Mitteil. 1903.

[2]) Penck-Brückner, Die Alpen im Eiszeitalter S. 109. Dieses Werk wird im folgenden stets als P.-B. zitiert.

[3]) Über Nomenklatur und Umgrenzung vgl. A. v. B ö h m, Einteilung der Ostalpen in P e n c k s geographischen Abhandlungen Bd. 1, 3. Heft, S. 136—142.

Erfahrung jedoch nicht ausreichte, vielmehr wurde gerade durch die Einbeziehung des östlichsten Quertales der Zillertaleralpen der Wunsch rege, die Erscheinung auch in weiter westlich gelegenen Gebirgsteilen zu verfolgen, um aus deren Wiederkehr oder Ausbleiben hier, das Gesetzmäßige dort zu erkennen und besser würdigen zu können. Anfangs war das Bestreben, dem Ausgangspunkt der Arbeit entsprechend, vorwiegend auf die Verfolgung der Spuren alter Talböden gerichtet; die Untrennbarkeit dieser Erscheinung von vielen anderen, als da sind: Talstufen, Tröge, Kare, alte Eisstromhöhen u. dergl. drängte sich aber bald auf, sodaß im Zillertal bereits ein viel weiterer Formenkreis in die Betrachtung einbezogen wurde.

Für das Jahr 1909/10 wurde von der II. Sektion der Philosophischen Fakultät der Universität München die Analyse der Formen alpiner Hochtäler, insbesondere im Hohen-Tauerngebiet und ihre Beziehungen zur Eiszeit als Preisaufgabe[1] gestellt. Dieser Umstand veranlaßte eine zweite weiter ausgreifende Begehung sämtlicher nördlicher Tauernquertäler erster und zum großen Teil auch zweiter Ordnung vom Ankogel bis zur Reichenspitze im Herbst 1909 (12. September bis 18. Oktober), die nunmehr den ganzen eiszeitlichen Formenreichtum zu berücksichtigen anstrebte. Eine mehr übersichtsweise Exkursion im oberen Wallis von der Furka bis nach Brig im August 1909 (13.—25.), veranlaßt durch die zweite Arbeit von Heß über alte Talböden[2]), ging der wiederholten Untersuchung im Tauerngebiete voraus Die Schweizer Exkursion bedeutete keine direkte Förderung der Probleme in dem gewählten Gebiet der Ostalpen, da die Verhältnisse in dem großen Schweizer Längstal anders liegen als im Oberpinzgau. Nur Detailuntersuchungen in den zahlreichen Nebentälern des Wallis könnten da einwandfreies Vergleichsmaterial beibringen, dies wäre aber eine Aufgabe für sich. Im Oktober 1910 (14.—18.) führte ich noch eine Revisionsbegehung im Kapruner- und Fuschertal aus, die besonders auch der Gewinnung einiger lehrreicher photographischer Aufnahmen galt.

---

[1]) Der am 30. April 1911 vom Verfasser eingereichten Lösung wurde der volle Preis zuerkannt.

[2]) Zeitschr. für Gletscherkunde 2. Bd., Heft 5, vgl. dazu Mitt. d. Geogr. Ges. in München, Bd. IV, S 139 f

Die schließliche Ausarbeitung hielt sich in dem Rahmen ihrer ursprünglichen räumlichen Begrenzung und bezog auch das reiche Material aus den Zillertalergründen, welche mit Ausnahme des Tuxertales sämtlich eingehend untersucht wurden (24. Sept. bis 15. Okt 1908), nicht ein, um keine allzu große Ausdehnung anzunehmen. Doch konnten Vergleiche und Verweisungen, die auf eigener Anschauung fußen, eingeflochten werden.

Es ist am Platze, kurz auf Methoden einzugehen, die sich im Laufe der Untersuchung im Felde als zweckmäßig erwiesen haben und Erfahrungen zu streifen, deren vorherige Bekanntschaft Zeit und Mühe gespart hätte: An instrumentellen Behelfen wurden Aneroide, ein Horizontglas, wie es v. Richthofen[1]) empfiehlt und häufig ein photographischer Apparat mitgeführt. Nach meinen jetzigen Erfahrungen würde ich statt der einfachen Wasserwage ein Instrument vorziehen, das nicht nur den Horizont gibt, sondern auch Höhenwinkel abzulesen gestattet. Handliche Vorrichtungen dieser Art sind in Jordans Handbuch der Vermessungskunde[2]) beschrieben. Trotzdem es sich bei den Höhenbestimmungen, welche für die Zwecke der vorliegenden Arbeit am häufigsten in Betracht kamen: Niveaus von Schliffgrenzen und Gehängeresten, sowie Höhen von Talstufen etc. der Natur der Objekte nach meist nur um Angaben innerhalb gewisser Grenzwerte handeln kann, wurden die barometrischen Messungen doch sorgfältig ausgeführt und berechnet und erst die erhaltenen Zahlen dem jeweiligen Objekt angemessen, nachher abgerundet oder auch beibehalten. Es würde z. B. wenig Sinn haben, die Höhe eines Trograndes auf etwa 2078 m anzusetzen, 2100 m ist bei der meist unbestimmten Ausprägung des Randes völlig genügend. Die Aneroide wurden vor- und nachher anfangs bei der Physikalisch-Technischen Reichsanstalt, später nach deren Methode[3]) am hiesigen Geographischen Institut unter Verwendung eines Apparats[4]) geprüft, der dem an der Reichsanstalt gebrauchten in etwas vereinfachter Form nachgebildet wurde. Als Basis

[1]) G. v. Neumayer, Anleitung zu wissenschaftlichen Beobachtungen auf Reisen. III. Aufl., S. 213.

[2]) II. Bd., 7. Aufl., S. 61, 789.

[3]) Zeitschr. f. Instrumentenkunde 1900, S. 253—266.

[4]) Jordan, Handb. der Vermessungskde. 7. Aufl., 2. Bd., S. 658 f.; Zeitschr. f. Vermessungswesen 26. Bd. 1897, S. 365—72. — Bei der Zusammenstellung des Apparates unterstützte mich Herr Dipl.-Ing. F. Schack in tatkräftiger Weise.

diente die Meteorologische Station Bucheben[1]) im Hüttwinkeltal.
Die Instrumente konnten beim Besuch der Rauris mit den
Standbarometern am Sonnblick und in Bucheben selbst verglichen
werden. Die Berechnung wurde nach den Tafeln von Jordan
ausgeführt.

Bei glazial-morphologischen Untersuchungen in Hochgebirgs-
tälern handelt es sich zum Teil um Sichtung, Verfolgung und
Deutung von Gefällsbrüchen (also ein- und ausspringenden
Winkeln) an Gehängen oder an Rippen und Graten, die aus dem
Gehänge vorspringen. Wandert man ein Tal empor, so nimmt
man meist zahlreiche solcher Formen wahr. In gradlinig verlaufenden Furchen reihen sich die zu Tale streichenden Seitengrate
für den Beobachter kulissenartig hintereinander, es entstehen
Verschneidungen von Graten, die scheinbar in einer Ebene liegen,
in der Tat aber an verschiedenen Punkten des Talverlaufes
herabziehen; durch Projektion aufeinander rufen sie allerhand
Täuschungen hervor, denen man unterliegen kann, sofern man
nicht das ganze Tal abgeht, ebenso kann ein einzelner Sporn von
bestimmten Standpunkten eine Stufung aufweisen, welche ihm in
Wirklichkeit nicht zukommt[2]).

Solange man sich im eigentlichen Tal, d. h. unterhalb des
Richterschen Trograndes bewegt, kann man in der Regel über
die Bedeutung der in Rede stehenden Formen nicht urteilen,
erst mit dem Emportauchen über ihn erhält man soviel Aus- und
Umsicht, daß das Wirkliche vom Scheinbaren getrennt werden
kann. Am ergiebigsten sind Standpunkte über dem Trogschluß,
wo ein solcher vorhanden ist, es ist also für das Verfolgen der
in Rede stehenden Erscheinungen unumgänglich, die Täler nicht
nur bis zu ihrem Ende, sondern — bezieht man auch Eruierung
von Eisstromhöhen ein — bis auf oder nahe unter die Kämme

---

[1]) Für gütige Überlassung der z. T. noch unreduzierten Baro- u. Thermo-
Graphenwerte sei dem Direktor der K. K. Zentralanstalt für Meteorologie in
Wien Herrn Prof. Dr Trabert auch an dieser Stelle geziemend gedankt.

[2]) Dieselben Täuschungen können Photographien verursachen, welche
Talfluchten veranschaulichen. So unentbehrlich Photographien für die Formen-
mannigfaltigkeiten sind, deren erschöpfende Beschreibung oder kartographische
Erfassung kaum gelingt, so sind sie doch nur bedingt beweiskräftig, nämlich nur
dann, wenn die Realität der Formen an Ort u. Stelle nachgewiesen ist. Als
Beleg für das Angeführte können zahlreiche Sichten von den Kitzbühler Schieferalpen in die nördlichen Tauernquertäler angeführt werden.

zu begehen. Auch was man von solch günstigen Standpunkten sieht, ist zuweilen noch vieldeutig. Auf einige Fehlerquellen, lenkt E. Richter[1]) die Aufmerksamkeit, andere seien im folgenden berührt. Es ist selbstverständlich, daß die zu den Tälern von den Graten herabziehenden Rippen, z. B. karscheidende Sekundärgrate, nicht mit konstanter Neigung abdachen. Jede Gefällsvergrößerung bewirkt aber einen ausspringenden, jede Gefällsverminderung einen einspringenden Winkel. Diese meist durch Verwitterung erzeugten Mannigfaltigkeiten kombinieren sich mit den Merkmalen der Untergrabung und den Gehängeansätzen eventueller früherer Talböden. Daraus können große Unsicherheiten in der Bestimmung dieser und jener entstehen und man ist ratlos, wenn man nicht an einfach gebauten Tälern ohne Felsstufen und sonstige Komplikationen, welche zudem in einem der Erhaltung von Schliffkehlen und Trogrändern günstigen Gestein verlaufen, Wesentliches vom Zufälligen und Unerheblichen scheiden gelernt hat. Es war ein Mißgriff, daß ich meine Begehungen mit dem in der Schieferhülle verlaufenden Ferleitental begann und über die Stufentäler von Kaprun und Stubach zu den einfachen Trögen der Venediger Gruppe fortschritt. Die umgekehrte Folge hätte Zeit und Mühe gespart. Alles kommt darauf an, daß sich die Übergänge von steilen zu weniger geneigten Böschungen und umgekehrt aus den innersten Gründen, wo sie regelmäßig am besten ausgeprägt sind, bei allen Mannigfaltigkeiten, die Gesteinsunterschiede, Erosion und Verwitterung nun einmal bedingen, fortlaufend als einheitliches Gebilde talaus verfolgen und zwanglos einander zuordnen lassen. Die Zusammenfassung vereinzelter und auf lange Strecken unterbrochener Vorkommnisse stößt auf die größten Schwierigkeiten, öffnet der Spekulation Tür und Tor und eine Einigung kann schwerlich jemals erzielt werden. In Würdigung dieser Umstände hat v. Richthofen in einer seiner letzten Schriften[2]) vor weitgehenden Folgerungen gewarnt.

Die Ausarbeitung hält sich an das Schema, daß zuerst die einzelnen Täler von West nach Ost vorschreitend nach Längs- und Querschnitt gesondert behandelt werden. Es war dabei nicht

---

[1]) Erg.-Heft Nr. 132 zu Peterm. Mitt. S. 41, 42.
[2]) G. v. Neumayer, Anleitung zu wiss. Beob. Reisen 3. Aufl., S. 369/370.

immer möglich, diese beiden Hauptgesichtspunkte jeder Talbeschreibung streng auseinanderzuhalten, es wurde mit dem Längsschnitt und auch mit den gezeichneten Längsprofilen (siehe Tafel IV—VI) nicht immer da Halt gemacht, wo die eigentliche Talsohle zu Ende geht, unter dem Trogschluß, sondern der Schnitt wurde bis zum Kamm fortgesetzt. Oberhalb des Trogschlusses verläuft er aber in Gebieten, die dem heutigen Gehänge und damit dem Querschnitt angehören. Im allgemeinen wurden alle auf Schliffgrenzen, Kare, Tröge, Gehängeleisten etc. bezüglichen Einzelheiten beim Querschnitt, die unterhalb der Trogwände befindlichen Formen beim Längsschnitt[1]) berührt, ohne durch pedantisches Festhalten daran im Zusammenhang gerade Besprechenswertes zu zerreißen.

Jeder Talbeschreibung ist einige Literatur vorangeschickt, die allgemein über das Tal und seine Berge orientiert und spezielle Probleme der physischen Geographie behandelt, ferner das für das einzelne Tal gebrauchte Kartenmaterial. Es wurden benutzt die Alpenvereinskarten der Venediger Gruppe Ausgabe 1893[2]) und 1908, der Glocknergruppe, Ausgabe 1890[2]) und 1907, der Zillertaler Gruppe Ausg. 1882[2]) und 1908, sowie (zur Ausarbeitung) die Alpenvereinskarte der Ankogel-Hochalmspitzgruppe 1909[3]), im Maßstab 1 50000. Für die östlichen Gebiete und die nördlichen Teile der Quertäler vom Habachtale östlich, welche die vorstehenden Karten nicht umfassen, wurde die Karte der Goldberg- und Ankogelgruppe von G. Freytag 1 50000 neue Ausgabe 1909 zugrunde gelegt, sowie die folgenden Blätter der Spezialkarte der Österreichisch-Ungarischen Monarchie 1 : 75000.

Zone 16 Col. VI Rattenberg,

VII Kitzbühel und Zell am See,

„ „ VIII St. Johann im Pongau,

17 VI Hippach und Wildgerlosspitze,

VII Großglockner,

„ „ „ VIII Hofgastein.

Alle angeführten Karten basieren auf der Österreichischen

---

[1]) Um Irrtümer zu vermeiden, sei darauf hingewiesen, daß die Beschreibung des Längsschnittes der Quertäler mit Ausnahme des Mühlbachtals von unten nach oben vorschreitend, also von Nord nach Süd, erfolgte.

[2]) A. Penck, neue Alpenkarten Geogr. Zt. 1900, S. 371.

[3]) A. Penck, Mitt. d. D. u. Ö. A.-V., 1909, S. 372.

Militärmappierung; über die Berücksichtigung, die man dabei der Hochregion angedeihen lassen konnte, wird in den Mitteilungen des Militär-Geographischen Instituts berichtet[1]): l.c. S. 96 „Bei der 1869 begonnenen Aufnahme, wo die größten quantitativen Leistungen gefordert werden mußten konnte der Höhenmessung nicht ausreichende Zeit und Aufmerksamkeit gewidmet werden Man kann daher bei dieser Aufnahme (1869—87) annehmen, daß in den Sektionen, welche bis Mitte der Siebziger Jahre entstanden sind", -- darunter fallen z. B. die Blätter St. Johann im Pongau und Hofgastein — „Fehler von 5—10 m in den Höhen oft vorkommen, daß sich dieselben aber später in den Grenzen von 3—5 m bewegen dürften. Dies gilt für flache und Bergland-gebiete. Im höheren Gebirge, ganz besonders aber in der Fels- und Gletscherregion werden den Höhepunkten oft noch größere Fehler anhaften" L. c. S. 98 „Die Aufnahme 1869—84 sollte vor allem tunlichst bald eine Grund-lage für die dringend nötigen Militärkarten schaffen; Gebiete, welche militärisch keine Bedeutung besitzen, wie die Fels- und Gletscherregionen der Hochgebirge wurden daher prinzipiell flüchtiger behandelt". L. c. S. 99 „Die neueste Aufnahme (1895) ist nicht mehr in der Zeit so beschränkt. Sie trachtet daher selbst auch in militärisch weniger wichtigen Gebieten das Beste zu liefern, was bei dem angenommenen Maßstab und der festgestellten Aufnahmsmethode zu erreichen ist. Das neue Verfahren der Photogrammetrie ermöglicht es jezt auch. die ungangbaren Gebiete der Hochgebirge verläßlich und naturähnlich darzustellen."

Im Hinblick auf kritische Bemerkungen über die Karten, die sich zuweilen nicht umgehen ließen, sollten die vorstehenden Ausführungen nicht unterdrückt werden. Es hieße, aus der Karte mehr herausholen wollen, als hineingelegt werden konnte, wollte man sie morphologischen Arbeiten ohne umfangreiche Begehungen zugrunde legen.

Mit Ausnahme der Karte der Ankogel- und Hochalmspitz-gruppe, welche Isohypsen in 25 m Abstand bietet, weisen alle Karten eine Äquidistanz von 100 m auf. Für die Zeichnung

---

[1]) A. Rummer v. Rummershof, Die Höhenmessungen bei der Militär-mappierung. Mitt. d. K. K. Militär-Geogr. Instituts 17. Bd. 1897 (Wien 1898), S. 87—99.

8   L. Distel

eines detaillierteren Profils (siehe Tafel IV—VI) ist diese Höhenab-
stufung unzureichend. Die auf Grund der Begehungen gewonnene
Beschreibung des Verlaufs der Talsohle half teilweise über die
Schwierigkeit hinweg. Soweit der Verlauf direkt aus der Karte
entnommen wurde, ist die Profillinie ausgezogen, gestrichelt,
soweit sie auf Beobachtung beruht, strichpunktierte Darstellung
deutet an, daß die Oberfläche aus Eis und Firn besteht, daß
also die Beschaffenheit des Untergrunds nur indirekt erschlossen
werden kann. Die Führung der Profillinie im obersten Teil, in
den jetzigen Firnregionen oder früher verfirnten Arealen, ist eine
willkürliche; ist sie unterhalb durch das Talgerinne gegeben, so
wird sie hier die verschiedensten Durchschnitte liefern, je nach
der Richtung, in der man sie legt. Sie wurde meist in Verlängerung der ungefähren Richtung der Tallängsachse geführt.
Auch hier konnte öfters Beobachtung an Ort und Stelle auffälligere
Züge andeuten.

Die gestrichelten Linien entsprechen insofern nicht den
tatsächlichen Verhältnissen, als Horizontal- und Vertikaldistanz
meist zu groß sind, mit andern Worten, daß die Stufen in der
Regel zu steil und hoch, die zwischenliegenden Terrassen zu
lang und zu wenig geneigt sind[1]). Es kam eben nur darauf an,
den in der Tat vorhandenen, aus der Karte aber nicht zu er-
schließenden Stufencharakter des Tals an den betreffenden
Stellen zu zeigen und nicht die wahren Ausmaße vor Augen zu
führen, deren Darstellung im gewählten Maßstab wenig markant
ausgefallen wäre. Ob jeweils eine Fels- oder Schuttstufe vor-
liegt oder ob über die Beschaffenheit der steileren Gefällspartie
Unsicherheit besteht, ist in der Beschreibung des Längsprofils
auseinandergesetzt.

Sämtliche Längsschnitte sind im Längenmaßstab 1 : 50 000, im
Höhenmaßstab 1 : 25 000 gezeichnet. (Reprodukt. Maßstab 1 : 100 000
bezw. 1   50 000. Belanglose Teile des Unterlaufs wurden beim
Fuschertal (ca. 3 km), beim Krimmlertal (ca. 2,5 km) beim Raurisertal
ca. 3,5 km unterhalb Wörth bis gegen Rauris weggelassen, um das
Wesentliche ohne ungebührliche Verlängerung in 1   50 000 zu
Papier bringen zu können. Aus dem gleichen Grunde und um
mangelnde Übersichtlichkeit infolge zu vieler Kreuzungspunkte der

---

[1]) Vgl. z. B. die Zeichnungen der Längenprofile des Krimmler Achentales,
des Habach- und Amertales.

Profillinien zu vermeiden, münden die Seitentäler des Tauernmooses. Amer-, Siglitztales u. a. in der Zeichnung zwar in ent-
sprechendem Niveau, sind aber seitlich verschoben. Die richtige
Vereinigungsstelle ist in dem Profil unzweideutig zum Ausdruck
gebracht.

I. Talbeschreibung.

1. Krimmler Achental und Nebentäler.

Literatur:

R. Riemann, Die Krimmler Wasserfälle, Zeitschr. d. D. u. Ö. A.-V. 1880.
M. v Prielmayer, Das Krimmler Achental, Zeitschr. d. D. u. Ö. A.-V. 1891.
E. Fugger, Die Hochseen, Mitt d. K. K. Geogr. Ges. Wien 1886, S. 666/67.
F. Löwl, Quer durch den mittleren Abschnitt der Hohen Tauern. Führer des
    9. Internat. Geol. Kongr. (Wien) für d. Geol. Exkurs. in Österreich 1903,
    Heft IX, S. 10—18.

Karten:

Österr. Spez.-Karte Zone 17 Col. VI.
Alpenvereinskarte der Venediger und Zillertaler Gruppe (Ost).

I. **Längsschnitt:** Ober der Achenmündung in die Salzach
riegelt ein Felssporn von Westen her das Salzachtal gegen das weite
Krimmler Talbecken ab, das zum großen Teil von einem riesigen
Bachschwemmkegel erfüllt wird; er nimmt seinen Ausgangspunkt in den Schluchten und Runsen des Plattenkogels. Unvermittelt bricht auf das Talbecken die terrassierte Stufe nieder,
über welche die Ache in drei Fällen von zusammen rund 400 m
Höhe sich herabstürzt. Beim Gasthaus am mittleren Fall sind
gekritzte Rundbuckel erschlossen. Oberhalb der Fälle zieht
die Talsohle ganz mäßig an Höhe gewinnend und durch Bergstürze vom rechten Talgehänge zweimal unerheblich gestuft ziemlich eng talein bis zu den ersten Almhütten. Die hier beginnende
Talweitung setzt sich bis knapp vor der Einmündung des Rainbachtales fort, nur einmal, bei der Mühleckalm eingeengt von links
durch einen Bergsporn, von rechts durch einen gerade gegenüber
gelegenen Schwemmkegel. Bei der Schachenalm ragt ein auffälliger Rundhöcker aus der Aufschüttung hervor. Ein paar Meter
vor dem Tauernhaus sperrt ein ganz niedriger Felsriegel (ca. 15 m
hoch) ab, der vom Bach durchschnitten ist; die linke Talseite weist
sehr ausgesprochene Rundhöcker auf. Oberhalb des Tauernhauses
folgt eine kleine Talweitung, die nördlich durch einen über und

über rund gebuckelten Felsriegel geschlossen wird, den der Bach
in einer klammartigen Enge entzweigeschnitten hat. Kurz darauf
mündet mit 150 m hoher Stufe das Windbachtal in eine beträchtliche Alluvialfläche. Das bisher südlich emporziehende
Haupttal biegt südöstlich um und erstreckt sich in drei Stufen,
die durch ebensoviele Terrassen unterbrochen werden, bis zu der
Stirnmoräne des Krimmler Gletschers in der Gegend der Inner-
keesalm. Die Stufen, bald etwas höher, bald weniger ausgeprägt,
15—40 m die tiefer gelegenen Terrassen überragend, verdanken
ihre Entstehung Schutthalden, Bergstürzen und Schwemmkegeln,
von der rechten, von der linken Flanke oder von beiden Gehängen. Die zwischenliegenden Terrassen tragen wie meist in
den Tauerntälern die Almen. Es sind Alluvialböden mit Wiesen-
flächen, zuweilen sumpfig und etwas vermoort, stellenweise von
Gehängeschutt bedeckt. Das letztere gilt besonders von der
obersten, die sanft ansteigend vielfach vermurt zu den Moränen
emporleitet. In der Zone von 2300—2500 m weist die Eisoberfläche des Krimmler Keeses eine beachtenswerte Gefällsteigerung
auf, um nach einer Einmuldung in imposanten Steilwänden sich
zu den Gipfelgraten emporzurecken.

<h3 align="center">1a) Windbachtal.</h3>

Oberhalb der 150 m hohen Stufe, mit der das Tal mündet,
nimmt das Gefälle allmählich zu, die enge Talsohle ist besonders
durch einen Bergsturz von links aufgeschüttet. Ober' der Windbachalm weitet sich die Furche, man kann von nicht sehr ausgeprägter Talweitung sprechen. Mit wachsender Neigung verliert
sich die Talrinne allmählich über der Gehängeschulter, ohne
einen ausgesprochenen Trogschluß, der zwischen 2200 und 2400 m
angedeutet ist, gebildet zu haben. Die über den Hauptkamm
führende Senke, der Krimmler Tauern (2634 m), bildete eine
Eisscheide, loser eckiger Verwitterungsschutt und scharfkantige
Felstrümmer umgeben die zackige Scharte und die von ihr östlich
und westlich aufsteigenden scharfen Grate.

<h3 align="center">1b) Rainbachtal.</h3>

Ober der knapp 200 m hohen Stufe zum Krimmler-Tal hinab
betritt man eine Talweitung, die ein Felssporn von rechts her
verengt und in ca. 40 m hoher Stufe von einer Verebnung trennt;

diese wird durch eine Felsstufe ähnlicher Höhe von einem zweiten kleinen Alluvialboden geschieden, worauf die trümmerbesäte Talsohle in ziemlich gleichmäßigem Anstieg zum Fuße der Trogschlußwände leitet.

II. Querschnitt: Das Krimmler-Törl (2828 m) ist noch heute verfirnt. Für einen etwas höheren diluvialen Eisstand spricht die Glättung des vom Punkt 3057 südlich zur Einschartung herabziehenden Grates, an dem auch Spuren einer Schliffkehle wahrzunehmen sind. In der Nähe des heutigen Krimmlerkeeses zeigt sich eine Schliffspur in ca. 2550 m unter dem Lückenkopf (2770 m) westlich der Birnlücke (2671 m); über diese gab der alte Krimmler Gletscher also keinen Zweig ab.

Am Grat, der vom Schlachter Tauern (2754 m) ostnordöstlich absinkt, befindet sich eine Schliffkehle in 2400 bis 2450 m, am vom Gamsbühel (2647 m) südöstlich herabstreichenden Kamm in 2400 m, an dem vom Windbachtalkopf (2846 m) sich nach Südosten ablösenden in 2500 m. Im Rainbachtal zeigen sich deutliche Eismarken an den beiden Graten, die das Roßkar flankieren, sowie am Windbachkarkopf (2767 m) in 2500 m Höhe, endlich am Nordabfall des Gamsbühel in 2400 m. Die Roßkarscharte (2650 m), zu welcher der Firn jetzt noch von Norden her emporreicht, mußte bei etwas vollerem Firnfeld überflossen werden, wenn auch Anzeichen glazialer Gestaltung fehlen. Zur eigentlichen Scharte zieht von Süden eine steile Geröllgasse empor, nach Norden tritt man unvermittelt auf ganz mäßig geneigten Firn über. Die Rainbachscharte (2733 m) war keinesfalls überflossen, splitteriges Gemäuer faßt sie ein; von Westen wird sie über Blockhalden gewonnen, nach Osten brechen Steilwände ab. Einige der angeführten Eismarken kommen in den Profilen, die dem Aufsatz von M. v. Prielmayer beigegeben sind, ganz gut zur Geltung. So die unter dem Lückenkopf westlich der Birnlücke auf Profil II, die am Gamsbühel auf Profil IV. Dagegen konnte ich die Kehle am Weigelkarkopf, die auf Profil III so markant zum Ausdruck kommt, trotz zweimaliger Begehung in der Natur nicht wahrnehmen[1]). Ein auffälliger Gefällsknick findet sich zwar am untern Teil der Rippe, die sich vom Weigelkarkopf nordwestlich ablöst; man bemerkt einen etwas ausgedehnten wenig geneigten dreieckförmigen

---

[1]) Vgl. auch P.-B. S. 281, Anm. 2.

Wiesenfleck, dessen Verschneidung mit dem steileren Grat einen einspringenden Winkel bildet und der den Eindruck des Gehängerestes eines verschwundenen Talbodens erwecken kann. Die Verschneidung liegt aber in einer Höhe von höchstens 2100 m.

Von der Einmündung des Windbachtales aufwärts ist das Krimmlertal ein typisches Trogtal. In der Gegend der Birnlücke treffen wir den Trogrand in etwas über 2200 m, unter der Steinkarspitze in 2200 m und korrespondierend auf der rechten Talseite. Die Wände sind hier durchwegs felsig und zwar links steiler als rechts. Von einem Trogschluß ist nichts zu bemerken, er müßte denn unter dem Eis begraben sein; die Eisbrüche des so ungemein zerschründeten Krimmlerkeeses weisen aber nicht die Anordnung auf, um auf einen solchen schließen zu können, wenn auch die Isohypsen der Alpenvereinskarte in der Zone zwischen 2300 und 2500 m, wie bemerkt, ein etwas steileres Gefälle der Eisoberfläche andeuten.

Im unteren Teil des Tales kommt der Trogcharakter nicht besonders zum Ausdruck, hauptsächlich infolge der eben aufgeschütteten Talsohle, doch hat man zusammenhängend die charakteristischen Steilwände, deren Übergang in die Schulter an der Vereinigung von Windbach- und Krimmler Achental bei 2100 bis 2000, vom Tauernhaus bis etwa zwischen Vordern- und Foiskarkopf bei 2000—1900, oberhalb der Fälle noch in 17—1600 m liegt.

Das Windbachtal hat trogartigen Charakter, der hinter der Windbachalm besonders ausgesprochen wird (teilweise Ansicht siehe den westlichen Teil des Panoramas der Venediger und Zillertaler Alpen vom Glockenkarkopf)[1]. Einen deutlichen Trogschluß besitzt das Tal nicht, auch tritt der felsige Charakter der Trogwände zurück, der ausspringende Knick beim Übergang der Wandungen zur Schulter tritt aber gut in die Erscheinung. Er senkt sich von 2300 m beim Talursprung auf 2100 m an der Einmündung.

Auch das Rainbachtal weist trogförmigen Querschnitt auf. Eine Gehängeterrasse von namhafter Ausdehnung findet sich am linken Talhang in der Zone zwischen 2300 und 2100 m, der

---

[1] Beilage 4 der Zeitschr. des D. u. Ö. A.-V. 1897 und Tafel 5 zu Petermanns Ergänzungsheften Nr. 132.

Gefällsbruch ins heutige Tal hinab beginnt mit etwa 2100 m. Ein Trogschluß ist vorhanden, er verliert an Schärfe und Deutlichkeit durch Ufer- und Stirnmoränen eines rezenten Hochstandes des südlichen Rainbachkeeses, die über ihn herabhängen und den Felsbord teilweise verhüllen. Auf einer der schuttfreien Bastionen dieses Randes liegt die Richterhütte (2359 m). Von Gehängeabstufungen in höheren oder tieferen Niveaus als den beschriebenen, ist im Rainbachtale nichts zu konstatieren.

Einer vom Gewöhnlichen abweichenden Erscheinung muß noch gedacht werden. Die Trogwände auf der linken Seite des oberen Krimmler Achentales zwischen Birnlücke und Glockenkar weisen zwei bandartig untereinander durchziehende Längsleisten auf, die infolge ihrer geringeren Neigung aus den Felswänden hervortreten; sie sind nicht zusammenhängend entwickelt und treffen nach Unterbrechungen nicht immer das beiläufige Niveau, in dem sie sich vorher hinzogen. Trotzdem ist eine gewisse Längsrippung unverkennbar. Von Untergrabung etwa durch Stadialgletscher ist keine Rede, ebensowenig von Gehängeresten etwaiger früheren Talböden. Man hat es wohl mit Gesteinsunterschieden zu tun.

Seitenkare sind im Krimmler Achental und seinen beiden Nebentälern zahlreich entwickelt, am ausgedehntesten im obersten Krimmler Achental selbst unter den beiden Gipfelkämmen. Aber schon dem Schachen-„Kar" fehlt ein eigentlicher Boden, den nördlich davon auf der rechten Talseite gelegenen Mulden kann die Bezeichnung „Kar" kaum mehr zuerkannt werden. Wenn man das Weigelkar zur Not noch gelten läßt, so scheidet das Schachenkar (A.-V.-Karte Ausgabe 1908) auf alle Fälle aus; ihm fehlt außer dem Boden auch jede Wandumrahmung. Echte Kare aber finden wir wieder im Windbachtal auf seiner Westseite, auf der linken Seite des Rainbachtales und im Krimmler Achental auf seiner linken Seite unter der Einmündung des Rainbachtals. An Karseen haben sich noch erhalten: der Seekarsee (2244 m)[1], der Rindersee (2297 m)[2], und die beiden Rainbachseen (bei Fugger[3]) Rambachseen genannt). Der größere Rainbachsee (2412 m) hat einen sichtbaren

[1] Mitt. d. Ges. f. Salzb. Landeskde. 1891, S. 251—53 u. Taf. XIII.
[2] Mitt. d. Ges. f. Salzb. Landeskde. 1893, S. 33—35 u. Taf. XIX.
[3] Mitt. d. Ges. f. Salzb. Landeskde. 1895, S. 216 u. Taf. XXIV.

Abfluß, was die Karten nicht verzeichnen. Er liegt auf ebener Terrasse von erheblicher Ausdehnung und ist nach vorne durch einen Rundhöcker abgeschlossen. Das Rainbachkar ist ein Stufenkar, eine erste Terrasse unter der Scharte liegt 2600 m, auf der zweiten liegt der See 2400 m. Am gegenüberliegenden Gehänge südöstlich unter dem Gamsbühel sind ebenfalls zwei durch eine steile Stufe geschiedene Mulden eingebettet, deren Höhe nicht mehr festgestellt werden konnte. Rohe Annäherung mag für die obere etwas über 2400, für die tiefere etwas unter 2300 m annehmen.

Moränenablagerungen außerhalb des Bereiches rezenter Vorstöße, die im allgemeinen nicht besonders namhaft gemacht werden, wurden im Rainbachtal 200 m über dem Tauernhaus gefunden, (F. Löwl, l. c. S. 15).

2. Obersulzbachtal.

Literatur:

E. Richter, Beobachtungen am Obersulzbachgletscher, Mitt. d. D. u. Ö. A.-V.
1882; Zeitschr. d. D. u. Ö. A.-V. 1883 u. 1888.
Gg. Kerschensteiner, Vermessung des Obersulzbachferners, Mitt. d. D. u. Ö.
A.-V. 1898, S. 271.
H Crammer, Struktur und Bewegung des Gletschereises, Mitt. d. Geogr. Ges.
München, 4. Bd. 1909 (enthält S. 109 f. Mitt. ü. d. Obersulzbachgletscher).
Gg. Kerschensteiner u. E. Rudel, Der Obersulzbachgletscher etc., Zeitschr.
f. Gletscherkunde, Bd. V, S. 203.

Karten:

Alpenvereinskarte der Venediger Gruppe; Österr. Spez.-Karte Zone 17 Col. VI;
Karte d. Obersulzbachgletschers, 1 : 10000 Zeitschr. f. Gletscherkde. V, Taf. 2.

I. Längsschnitt: Die untersten $1^1/_2$ km legt der Obersulzbach in der Talebene der Sulzau zurück. Wo er in diese Weitung austritt, befindet sich nunmehr eine Talsperre, die die starke Schuttführung des Wildbaches zurückhalten soll; der früher vorhandene natürliche Felsriegel ist klammartig durchschnitten, er staute augenscheinlich ein kleines Seebecken auf. In der Seehöhe von 900 m etwa wird das bisher ganz geringe Gefälle durch etwas steileren Anstieg abgelöst, der bis zur hohen Stufe bei der Kampriesenalm ziemlich gleichmäßig bleibt. Der steile Aufschwung zerfällt in zwei Absätze, die durch ein ganz kurzes Stück geringerer Neigung geschieden werden. Der Bach überwindet den Absturz in ca. 50 m hohem Wasserfall, Kaskaden und Schnellen.

Kurz vor der Wimmalm, welche die jetzige Höhe der Stufe bezeichnet, passiert man eine klammartige Enge, Felssporne von rechts und links schnüren die Talsohle ein. Nach Fugger (Mitt. d. Ges. f. Salzb. Landeskde. 1895, S. 208) spannten diese Sporne vor ihrer Durchbrechung einen etwa $1/_2$ qkm bedeckenden See an. Die folgende Weitung der Poschalm wird durch eine Verschmälerung der Sohle abgelöst. Die Ursache ist ein geradezu ideal gerundeter Felssporn, der von der linken Talseite vorspringt, und Felssturztrümmer von rechts. Beide Hindernisse bedingen gleichzeitig eine Stufe von ca. 40 m. Dahinter liegt die Weitung der Foisenalm, auf der vereinzelt mächtige Bergsturztrümmer lagern. Ein Bergsturz von links bewirkt darauf eine Einschnürung, so daß die Talsohle völlig vom Bach eingenommen wird, gleichzeitig tritt eine Hebung von ca. 25 m ein. In rein felsigem Bett strömt das Wildwasser dahin, Rundbuckel treten bis nahe ans Ufer heran, links fallen ca. 2 m über dem jetzigen Wasserspiegel Strudellöcher von größeren Dimensionen auf. Der Pfad zwischen Posch- und Schütthofalm erschließt auf der rechten Talseite Schliffflächen mit Gletscherschrammen. Es folgt der Alluvialboden der Schütthofalm (nach der älteren Ausgabe der A.-V.-Karte Steigeralm); der Bach ist ganz auf die linke Talseite gedrängt, deren steile Felswände sich fast unmittelbar mit dem ebenen Boden verschneiden, von Schutthalden also nicht umsäumt sind. Oberhalb weitet und verebnet sich die Talsohle, der Bach bleibt am linken Gehänge und fast unmittelbar darüber setzen die nackten Steilwände an. Weiter talein verwachsen zahlreiche Schutthalden der rechten Gehänge zu einer zusammenhängenden Masse, die das Gerinne auf der linken Seite hält und den Fuß der Trogwände bespülen läßt. Die Schuttansammlung, darunter auch Bergsturztrümmer, erzeugt eine unerhebliche Stufe unterhalb des Jägerhauses bei der Krausenalm. Zwischen ihr und der Aschamalm weist das linke Felsgehänge typische Rundbuckelformen auf, unterbrochen von auffallend scharfkantigen Partien, die durch rechtwinkeliges Ausbrechen von Blöcken nach Gesteinskluftflächen entstanden sind. Die gleiche Erscheinung wiederholt sich nicht selten in den Tauerntälern in der Gegend der Schliffgrenze und trägt dazu bei, diese zu verwischen und undeutlich zu machen. In der Weitung der Aschamalm ragt das anstehende Gestein als Rundbuckel von ca. 6 m Höhe aus den Alluvionen heraus. Gleich darauf entsteht eine unbedeutende Stufe von ca. 25 m dadurch, daß sich von links ein rundgebuckelter Sporn vorschiebt, der vom Bach durchschnitten ist, von rechts her legen sich Bergsturztrümmer an. Ober der Filzwaldalm (1740 m) setzt eine ca. 100 m hohe, das ganze Tal sperrende felsige Stufe an, in die der Gletscherabfluß in Kaskaden einzuschneiden im Begriffe ist. Das Terrain oberhalb ist sehr unregelmäßig gestaltet, allenthalben rundgehöckert und frisch geschliffen; schon diese Kriterien würden auf eine rezente Gletscherbedeckung deuten, wenn nicht ausgeprägte Ufermoränen dies zur Evidenz erweisen würden. Vor dem jetzigen Gletschertor befindet sich eine kleine ebene Aufschüttungsfläche. In mäßiger Steile zieht die Gletscherzunge vom Eisbruch der „Türkischen Zeltstadt" herab, oberhalb deren ein weites Firnbecken mit folgendem steilen Aufschwung zum Obersulzbachtörl leitet.

II. Querschnitt: Wie am Krimmler Törl (2828 m) der Firn des Obersulzbach – mit dem des Kleinen Sonntagskeeses im Achental zusammenhängt, so besteht am Zwischensulzbachtörl (2878 m) eine ungleich mächtigere Verbindung mit dem Untersulzbachkees. Für ein rasches Absinken der alten Firnoberfläche sprechen die deutlichen Schliffgrenzen am linken Gletscherufer. Hier zeigt sich nämlich etwas unterhalb vom Punkt 2720 der Alpenvereinskarte auf dem Trennungsgrat vom Großen Sonntags- und Obersulzbachkees eine Schliffkehle, die ziemlich rasch auf 2500 bis 2400 m fällt, übereinstimmend mit dem Befund an dem Trennungsgrat vom Großen Sonntags- und Großen Jaidbachkees, wo der Schliffbord sich in ca. 2350 m mit steilwandigen zackigen Formen verschneidet. Die reiche Karentwicklung besonders auf dem Westgehänge des Tals, die auch im obern östlichen Gebiet in bescheidenerem Ausmaß entgegentritt, läßt weiteres Verfolgen kaum zu.

Besuch und Beschreibung all der Kare, die sich im Obersulzbachtal anreichern, wäre eine Aufgabe für sich. Es genüge die Mitteilung einiger Merkmale. Großes Sonntagskar, Großes und Kleines Jaidbachkar, Weigelkar, sowie das unbenannte nördlich unter dem Foiskarkopf folgende, sind aktive Gletscherkare, während die weiter talaus gelegenen von vereinzelten perennierenden Firnflecken abgesehen, eisfrei sind. Alle sind nach

Osten, Nordosten oder Norden geöffnet, Karseen sind in verschiedenen Höhenlagen zahlreich, so die unbenannten südöstlich unter dem Foiskarkopf in 2500 m und zwischen 2300 und 2200 m, der Foiskarsee [1]) (2154 m), der Große und Kleine Seebachsee[2]) (2071 m). Foiskar- und Großer Seebachsee sind nach vorne durch Felsriegel abgeschlossen (F u g g e r l. c.), der Kleine Seebachsee ist durch Grundlawinen gestaut[3]). Im Großen Jaidbachkar reicht das Kees heute bis knapp 2300 m herab, das Kar weist in rund 2050 m eine fast ebene Terrasse auf, mit nassen Wiesen bedeckt, teilweise moorig und versumpft; gegen das Tal zu schließt grasbewachsenes Trümmerwerk und verschiedentlich anstehender Fels ab.

Weit weniger entwickelt sind die Kare der rechten Talflanke. Können Stein- und Käferfeldkar, sowie das von ihnen eingeschlossene noch als echte Kare gelten, so wird dies von den weiter talaus sich ins Gehänge drängenden Trichtern immer zweifelhafter. (Vgl. Abb. 1).

Vom Talhintergrund aus zeigt sich der ausgesprochene Trogcharakter des Obersulzbachtals, den auch E. R i c h t e r besonders erwähnt[4]). Möglicherweise verdeckt der Eisbruch der „Türkischen Zeltstadt" einen Trogschluß. Die mittlere Höhe des Randes der Stufe beläuft sich auf etwa 2400 m, wovon die dortige Eismächtigkeit in Abzug zu bringen wäre. In der Gegend der Filzwaldalm — direkt ober ihr ist der Rand durch den Jaidbachgletscher zerstört — bestimmt sich die Höhe auf 2200 m, welche gut mit der gegenüberliegenden Seite korrespondiert, wenn auch deren Rand talaus durch Wildbäche häufig unterbrochen in Teilstücke verschiedenen Niveaus zertalt ist. Unter dem Steinkar ist der Steilrand soweit zurückgewittert, daß Karterrasse und Schliffbord ineinander übergehen. Der U-förmige Querschnitt des Tals wird besonders augenfällig, wenn größere Schutthalden, deren zunehmendes Gefälle nach oben sich an die Felswände schließt, die felsige Wurzel der Seitenwandungen verhüllen. Bis in die Gegend von Posch- und Wimmalm senkt sich der Trogrand auf etwa 1900 m.

---

[1]) E. Fugger, Mitt. d. Ges. f. Salzb. Landeskde. 1895 u. Taf. XXIII.
[2]) E. Fugger, Mitt. d. Ges. f. Salzb. Landeskde. 1895, S. 208, Taf. XII.
[3]) E. Fugger, Hochseen, S. 647.
[4]) Petermanns Ergänzungsheft Nr. 132. S. 52 u. Taf. IV.

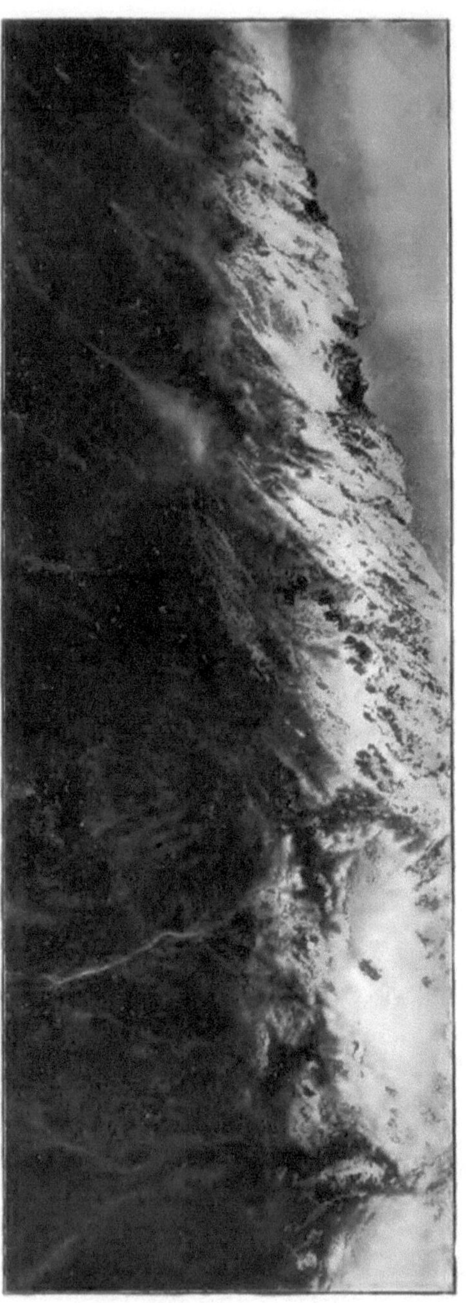

Abb. 1. Östliche Flanke des Obersulzbachtals.

Unterhalb der hohen Stufe zwischen Wimm- und Kampriesenalm treffen wir den Rand auf der linken Seite von 1500 m in der Gegend der Hochalm (1551 m) auf 1300 bis 1200 m gegenüber dem Mitterkar sinkend. Durch die erwähnte hohe Talstufe erleidet das allmähliche Absinken des Randes eine auffallende Unstetigkeit.

Am linken Ufer der Gletscherzunge nimmt man u n t e r dem Trogrand zwei übereinanderliegende durch Schutt geschiedene und öfter unterbrochene Wandstufen wahr, die nach oben zu ineinander übergehen, deren obere Ränder talaus eine Zeitlang dem Trogrande annähernd parallel bleiben, dann bald mit ihm divergieren. Man hat hier möglicherweise Rudimente von Untergrabungen postglazialer Gletscherstände vor sich, für deren Ausdehnung sich weitere Anhaltspunkte nicht ergaben.

3. Untersulzbachtal.

Literatur:

F. Simony. Aus dem Pinzgau, Mitt. d. K. K. Geogr. Ges. Wien 1872, S. 479 f.
G. Lammer, Vergessene Tauerntäler, Mitt. d. D. u. Ö. A.-V. 1897, S. 37.

Karten:

Alpenvereinskarte d. Venediger Gruppe; Österr. Spez.-Karte Zone 17 Col. VI u. VII.

I. Längsschnitt: Mit ca. 100 m hoher Stufe sinkt das Tal zur Alluvialebene der Sulzau hernieder. In einem Wasserfall von 50 m Höhe und in enger Klamm überwindet der Bach den Abbruch. Das Gefälle nimmt talein zu, um zwischen Söllhof-[1]) und Aschamalm eine bedeutendere Stufe aufzuweisen, die wohl teilweise auf Bergstürze und Schutthalden hauptsächlich von der rechten Talflanke zurückzuführen ist; der Bach wird ganz nach links gedrängt und bespült die Steilwände dieser Flanke. Simony (l. c. S. 479) erwähnt eines gewaltigen Bergsturzes aus dem Jahre 1872 in dieser Gegend, der nach seiner Berechnung bei 20000 cbm Material in Bewegung setzte. Auch bei der Aschamalm liegen Felsblöcke jeden Kalibers, die von rechts herabkamen; anfangs mäßig geneigt, vor dem Gletscher steiler und schmäler werdend, zieht sich die schuttbedeckte Talsohle hinter der Aschamalm empor, wobei zu beachten ist, daß die relativ große Durchschnittsböschung zwischen 1700 und 1900 m vorwiegend einer niedrigen Felsstufe zuzuschreiben ist, über welche der unterste Gletscherlappen gerade noch herabreicht. Rasch hebt sich hierauf die schmale Eiszunge zum Firnfeld empor, das in der Zone zwischen 2600 und 2700 m eine Gefällsteigerung aufweist.

Das Untersulzbachtal zeigt in der untern Hälfte fast durchwegs schluchtartigen Charakter, auch im obern Teil fehlen Talweitungen mit Alluvialböden, die in den benachbarten Furchen mit niedrigen Schuttstufen so häufig wechseln; der Bach fließt stets reißend dahin, da keine Terrasse sein Gefälle mäßigt und die Sinkstoffe ablagert. Um so mehr fällt die fast völlige Klarheit des Bachwassers am Abend (5ʰ p.) eines sonnigen Tages (Oktober) auf.

---

[1]) Auf älteren Ausgaben der Alpenvereinskarte Alpbodenalm genannt.

II. Querschnitt: Die steilen Flanken des schmalen Untersulzbachtales tragen zwar die bekannten Steilwände zur Schau, die
im mittleren Teil zwischen Ascham- und Söllhofalm stellenweise
bis zum Bach herabreichen, doch ist ihr oberer Rand besonders
auf der rechten Seite ungemein zerlappt und daher in recht
verschiedenen Niveaus anzutreffen. Er erhebt sich von ca. 1600 m
am Talausgang auf 1700 m unter dem Wechsel nördlich der
Söllhofalm; ober dem linken Ufer der Gletscherzunge trifft man
ihn in ca. 2300 m. Die sonst stereotype Verflachung des Gehänges oberhalb der Steilwände findet sich nur am Talausgang
bei der Popbergalm und im Hintergrund unter dem Sulzbacher
Gemsengebirge, sonst brechen die Flanken meist in einer Flucht
von den Graten nieder, von den Trogwänden der unteren Partien
nur durch eine steile vielfach beraste Zone getrennt, die etwas
geringere Neigung aufweist als die Wände oben und unten.
Seitenkare sind nicht vorhanden.

Durch keinen besonderen Erfolg wurden die Bemühungen
belohnt in den unwegsamen Revieren des Untersulzbachtales,
einigermaßen einwandfreie Bestimmungen von eiszeitlichen Firnstromhöhen vorzunehmen. Weder von Standpunkten auf der
Hochfläche unter dem Sulzbacher Gemsengebirge, welche das
ganze Tal hinaus beherrschen, noch vom Käferfeldkees aus, das
für Erkundung der östlichen Wandfluchten besonders günstig
liegt, ließen sich sichere Anhaltspunkte gewinnen. In der Gegend
der Gamsmutter möchte ich den Hochstand auf 2700—2600 m
(eher höher als niedriger) ansetzen. Der Popberg (2191 m) war
seiner Gestalt nach nicht mehr unter Eis begraben, doch ist dies
von dem nordwestlich vorgelagerten Punkt 2058 m anzunehmen,
der sich als Rundling von der Bettlersteigscharte (2014 m) sowohl
als aus dem obersten Wildalmkar östlich vom Popberg und von
den Kitzbühler Schieferbergen aus darstellt.

Gehängeterrassen oder fortlaufende Gefällsknicke, die möglicherweise auf solche schließen ließen, über der zerstückten
ausspringenden Trogkante sind nirgends wahrzunehmen, dagegen
nimmt ein unter dieser Kante befindlicher Steilrand die Aufmerksamkeit in Anspruch.

Er ist auf beiden Talseiten im Niveau von 2000—2070 m
vorhanden, besonders deutlich aber am östlichen Gehänge, am
westlichen geht der nur kurze Strecke felsige bald in eine Ufer-

moräne über, die sich bis 1800 m hinabzieht. Auf der rechten Seite ist die Kante des Randes ganz und gar gerundet; ebenso weisen die Felsabbrüche darunter untrügliche Spur von Glättung auf; dies ist um so weniger verwunderlich, als der ganze Komplex im Bereiche eines rezenten Gletscherhochstandes liegt, wie alte auch auf Abb. 2 (rechte Talseite) erkennbare Ufermoränen dartun. Gegen das Gletscherende zu — talaufwärts — werden die Wände niedriger und teilweise von Schutt bedeckt. Sie schließen sich an der Zunge, deren eingesunkener zerfranzter Lappen gerade noch über den Abbruch herab-

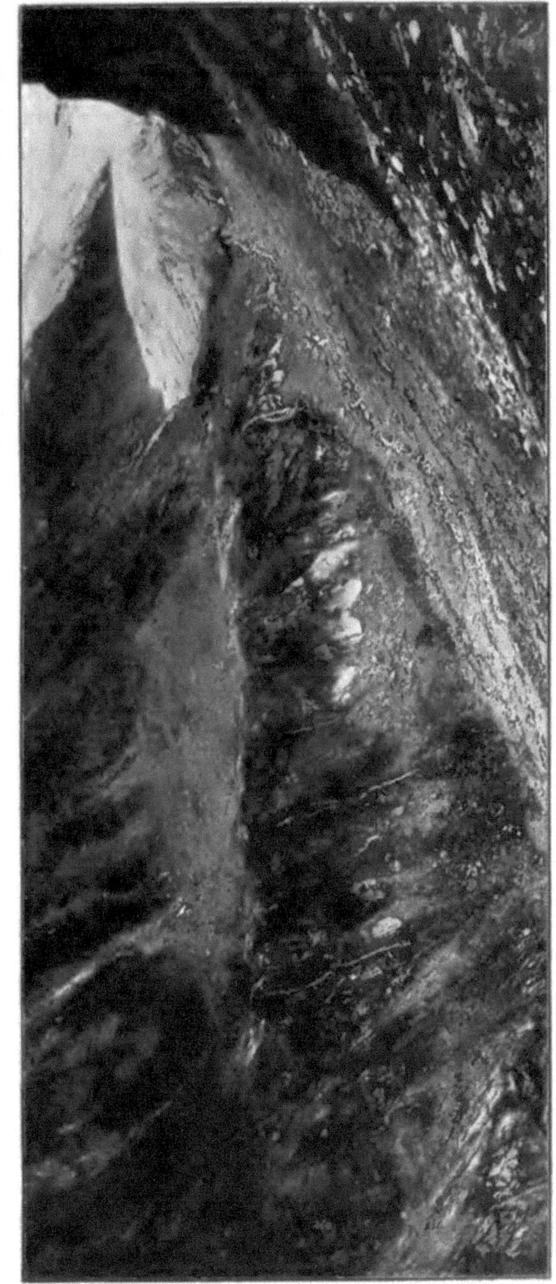

Abb. 2. Vorterrain und Zunge des Untersulzbachgletscher.

hängt, soweit sich erkennen läßt, halbkreisförmig. Man hätte im Untersulzbachtal also Andeutung von zwei ineinandergeschalteten Trögen. Zwischen beiden und von ihnen durch Schutt geschieden, ziehen auf der linken Talseite in der Gegend der jetzigen Gletscherzunge niedrige zuweilen durch Schutthalden getrennte Wandstufen talaus, die möglicherweise der Untergrabung durch postglaziale Gletscherstände ihr Dasein verdanken; etwas talaus von der heutigen Gletscherzunge treffen wir den oberen Rand einer solchen Stufe in etwa 2200 m.

4. Habachtal.

Literatur.

H. Wallmann, Das Habachtal, Jahrb. d. Ö. A.-V. 1870.
L. Treptow, Das Habachtal und seine Berge, Mitt. d. D. u. Ö. A.-V. 1899,
    (u. a. Orographisches und Etymologisches).

Karten:

Alpenvereinskarte d. Venediger Gruppe; Österr. Spez.-Karte Zone 16 Col. VI,
    Zone 17 Col. VI u. VII.

I. Längsschnitt: Eng und schluchtartig tritt das Habachtal in die Salzachweitung aus, gewachsener Fels steht meist bis zum Bachbett hinab an; erst vor der Krameralm treten die Gehänge auseinander und lassen einer Verebnung Raum; bei der Alm selbst zeigen die Trogwände geringe Verwitterung und infolgedessen an ihrem Fuße nur unbedeutende Schuttansammlung, welcher Umstand ebenfalls eine breitere Talsohle bewirkt. Eine ganz niedrige Stufe, die ihr Dasein bedeutenderen Schuttkegeln verdankt, trennt die erwähnte Weitung von der Talebene der Brosingalm, die ihrerseits von der horizontalen wenig höher liegenden Weitung der Mahdlalm durch einen von links vorgebauten Bachschuttkegel beim Jägerhaus deutlich geschieden ist. Die Gehängeschutthalden sind im ganzen Tal von geringer Mächtigkeit; bis zur letztgenannten Alm sind größere Bergstürze nicht vorhanden, die in anderen Tälern häufig sich finden. Die Steilwände reichen vielfach bis zur Talsohle. Hinter der Mahdlalm dämmen Schuttkegel von rechts und links in ganz niedriger Stufe die Weitung der Mayeralm ab. Von ihr ab steigt die Talsohle mäßig in ziemlich gleichmäßigem Gefälle an, durch Zurücktreten der links einengenden Felswände und der rechts herabziehenden Schutthalden entsteht eine kleine

Weitung mit sanfterem Gefälle in ca. 1700 m Höhe und von ihr getrennt durch Schuttstau vom linken Gehänge eine letzte unbedeutende Verebnung der Talsohle, die sich aber immerhin hervorhebt. Unvermittelt setzt dann die hohe Steilstufe des Trogschlusses an.

II. Querschnitt: Das Habachtal ist in seinem obersten Drittel das Trogtal (siehe Abb. 13 u. 14) mit einem Trogschluß[1]), der als Schulbeispiel gelten muß; die vordersten Lappen des Habachkeeses erreichen zurzeit gerade nicht mehr den Trogrand, der etwa 2300 m hoch sich befindet. Bei vielen anderen Tälern ist der Trogrand vielfach unterbrochen, in einzelne Bastionen zerschnitten, deren Höhe recht bedeutend wechselt, ohne daß jedoch der Eindruck der Einheitlichkeit der Erscheinung gestört wäre. Das Habachtal zeigt in seinen oberen Partien die ausspringende Kante in selten ebenmäßiger Weise, besonders auf der rechten Talseite von 2200 auf 1800 m bei der Mayeralm sinkend, wie auch ein Blick auf die Alpenvereinskarte lehrt.

Auf der Ostseite setzen sich die Steilwände ziemlich ununterbrochen fort, wobei der obere Rand gegen den Talausgang auf etwa 1600 m fällt. Die linke Talseite weist analog wie im benachbarten Hollersbach eine längere Unterbrechung auf. Für das Tal bemerkenswert ist endlich das mehrfach zu beobachtende tiefe Herabreichen der Steilwände, deren Fuß zuweilen der Bach bespült, so links unterhalb der Krameralm und oberhalb der Mayeralm.

Anzeichen von Leisten oder Terrassenresten über dem Trogrand weist keine der beiden Talflanken auf, ebensowenig ist von typischer Karbildung die Rede. Die Kleine Weitalm könnte der Wandumrandung nach noch am ersten als Kar bezeichnet werden, doch fehlt auch hier jede Andeutung einer Bodenverebnung vollständig. Trogschulter (Schliffbord) und „Karböden" verschmelzen zu einer Fläche, der vereinzelt niedrige Felssporne entragen. Sie können als Rudimente einstiger Karseitenwände gelten und das Niveau ihrer unteren Verschneidung mit der aus Schliffbord und Karterrasse kombinierten Fläche läßt Schlüsse auf Eisstromhöhen zu, z. B. ca. 2300 m an der Rippe, welche die Kleine Weitalm nordwestlich begrenzt. Weitere Anzeichen

---

[1]) Vgl. auch F. Löwl, Geologie, Leipzig 1906, Fig. 253, S. 298.

von Firnstromhöhen finden sich, trotzdem die Flanken des geradlinigen Tales von Standpunkten auf dem Schliffbord aus offen ausgebreitet daliegen, selten und von geringer Schärfe. An dem Nordostgrat der Gamsmutter deutet ein nach Maßgabe der rezenten Firnerfüllung als steil absinkende Schliffkehle aufgefaßter einspringender Winkel auf einen eiszeitlichen Hochstand von rund 2600 m. Der Hauptkamm vom Kratzenberg (3030 m) bis zur Hohen Fürleg (3244 m), noch heute in stattlichem Maße verfirnt, war zur Hocheiszeit in etwas stärkerem Maße verhüllt. Für den Talausgang gibt die am Zwölferkopf (2274 m) vom Hollersbachtal (S. 29) aus eruierte Eisstromhöhe von ca. 2200 m guten Anhaltspunkt.

Nicht unerwähnt darf bleiben, daß das frühmorgens um 5 Uhr am Taleingang als völlig klar beobachtete Wasser des Gletscherbaches bei der Rückkehr 5^h p. nach einem wolkenlosen Oktobertag keine merkliche Trübung aufwies, trotzdem das Tal jeglichen Klärbeckens und Äquivalents dafür entbehrt.

5. Hollersbachtal.

Literatur:

E. Fugger, Der Weißenecker See, Mitt. d. Ges. f. Salzb. Landeskde. 1895, S. 204—208.

Karten:

Alpenvereinskarte d. Venediger Gruppe; Österr. Spez.-Karte Zone 16 Col. VII, Zone 17 Col. VII.

I. Längsschnitt: Vor dem Eintritt ins Salzachtal ist der Hollersbach durch ein Holzwehr zur Zurückhaltung der Geschiebe verbaut, das einen künstlichen Wasserfall von geringer Höhe bewirkt. Nicht weit oberhalb hebt sich die Talsohle auf große Strecke merklich. Das Wildwasser stürmt öfter in enger Schlucht dahin, anstehender Fels reicht fortwährend bis ins Bachbett herab. Erst bei der Leitneralm treten die Hänge rechts und links zurück und lassen für breiteren Boden Raum; durch Korrektionsarbeiten wurde der Bachlauf in einen geradlinigen verwandelt. Weiterhin wird der Bach durch Schutt und Schwemmkegel ganz ans linke, dann ans rechte Gehänge gedrängt, ohne daß durch die Aufschüttungen merkliche Stufen entstünden; man kann aber auch nicht von Talebene sprechen, wenngleich das Talstück als ein

solches geringen Gefälles zu bezeichnen ist, almenbesetzt und
guten Weideboden bietend. Oberhalb der Wimmeralm schneidet
der Bach tiefer in Aufschüttungsmassen ein, durch welche eine
bei der Brameibelalm endigende Stufe geschaffen wird.

Diese Massen verdienen genauere Beachtung, da sie möglicherweise eine alte Stirnmoräne darstellen oder verhüllen können.
Von Norden betrachtet, erscheinen sie als auffallender zur Talachse wenig geneigter, ca. 30—40 m hoher Wall, der dem linken
Gehänge angelagert ist, vom Ofener Boden talaus gesehen erwecken sie ganz und gar den Eindruck von Resten einer Endmoräne. Von gewöhnlichem Schutt oder Schwemmkegel ist nicht
die Rede, da die Verschneidung des Wallfirstes mit dem linken
unteren Gehänge einen scharf ausgeprägten stumpfen Winkel
bildet. Die Oberfläche ist völlig rasenbedeckt, darauf verstreute
Steine sind unzweifelhaft Gehängeschutt. Spärliche Aufschlüsse
bewirkt der Hollersbach, der 15—20 m tief in den Schutt ein-
schneidet, aber nur im untersten Drittel die Zusammensetzung
erkennen läßt, und ein linker Seitengraben, der bei der Vorderen
Sausteinalm (A.-V.-Karte Ausgabe 1883) mündet. Was dessen
Rinnsal, das oberhalb des Wallniveaus über anstehendes Gestein
als Wasserfall stürzt, bloßlegt, weist, soweit nicht Bachgerölle
vorliegen, den Habitus von Gehängeschutt und Bergsturztrümmern
auf. Vereinzelte kleinere stark gerundete Brocken am linken
Gehänge des Hauptbaches 4—5 m über seinem Spiegel, müssen
wohl als Bachgerölle angesprochen werden. Von lettigem Zwischen-
mittel oder gekritzten Geschieben ist nichts wahrzunehmen. Das
rechte Gehänge, auf dem die kleine Herberge zum „Edelweiß" steht
(auf den Karten nicht angegeben), läßt unter dem Rasen vereinzelt
nur eckiges Material hervorlugen. Eine auf dem Wall errichtete
Steinmauer weist lauter eckige petrographisch g l e i c h a r t i g e Bausteine auf. Die Talsohle hinter dem Wall sieht heute nicht zungen-
beckenartig aus: ein Schwemmkegel von links drängt den Bach nach
rechts bis an den Fuß von Schutthalden.

Zusammenfassend wäre zu sagen, daß ungenügender Einblick
in die Zusammensetzung der Aufschüttung kein abschließendes
Urteil über die Entstehung zuläßt, daß aber der Befund, da wo
Einsichtnahme vergönnt ist, nicht für Moräne spricht. Für sie
zeugt lediglich die Form. Die Möglichkeit, daß eine Stirnmoräne
oberflächlich durch Bergsturzresiduen bedeckt ist, besteht. Es

kann aber auch die ganze Masse von einem Bergsturz her-
rühren[1]).

Zwischen Brameibel- und Roßgrubalm rufen Schutthalden
von rechts und links eine kleine Stufe hervor, auf welche die
Talweitung der letzterwähnten Alm folgt. Auf sie reichen die
durch Rinnen und Gräben in einzelne Felsbastionen zerteilten
Trogwände weit herab, vereinzelt bis zur Talsohle, wodurch der
Talquerschnitt unterhalb des Trograndes Trapezform erhält (__/),
während vorher mehr die U-Form vorherrschte. Der Formwechsel
erklärt sich durch das Auftreten von Gesteinen, die der Verwitterung mehr widerstehen. Auch in anderen Tauerntälern voll-
zieht sich dieser Gesteinswechsel, der aber nur hier, im Habach-
und im Obersulzbachtal morphologisch so markant durch Fehlen
der Geröllhalden in die Erscheinung tritt. Eine weitere Stufe
schaffen die Lawinen und Steinfälle des gewaltigen Säullahn-
grabens im Verein mit Schutthalden von rechts her. Der Graben
durchsetzt in breiter Gasse die Trogwände und seine über 1000 m
hohe Schneerinne schiebt einen Firnlappen bis ca. 200 m Höhe
über der 1500 m hoch gelegenen Talsohle (Mitte Oktober 1909)
herab. Der echte Alluvialboden der Ofneralm verdankt diesem
Anstau seine Entstehung; ein Felsriegel, ca. 6 m hoch, jetzt vom
Bach in enger Klamm zerschnitten, teilt ihn gewissermaßen in
einen unteren und davon genetisch verschiedenen oberen Teil,
der sich weiterhin als enges Schuttal in mäßigem Anstieg an den
Fuß der Stufe zieht, die mit einer Sprunghöhe von 200 m zum
zugeschwemmten Felsbecken der Weißeneckeralm ansteigt. Es
wird gegen den Absturz zu von dem obligaten rundgebuckelten
Felsriegel gesperrt, der die Alluvialfläche bei 10 m überhöht;
über den Aufschwung schäumt der Bach in hohen Wasserfällen
herab. Auch der Weißenecker Almboden schließt talein mit
klammdurchsetzter Felsstufe ab, deren hoher Riegel vordem die
oberste Wasseransammlung des Weißenecker Tales staute. Die
Einschwemmungsprodukte ziehen sich nunmehr als ganz schmale
Talebene, von frischen Bruchstücken jeden Kalibers übersät, an
die Steilwände, die zum Hauptkamm führen. Unter ihm zeigt
sich nochmals eine Verflachung.

---

[1]) Nach Löwl, Petermanns Mitteilungen 1882, S. 141 ist dies der Fall.
Der Abbruch wurde nach ihm wahrscheinlich durch dasselbe Erdbeben verursacht,
das im Jahre 1495 die Abdämmung des Hintersees im benachbarten Felbertal bewirkte.

Vom hinteren Ofner Boden zweigt südwestlich ein zweiter Quellast des Hollersbachtals ab, der in seinem obern Teil den Kratzenbergsee[1]), den bedeutendsten Hochsee des untersuchten Gebietes, birgt. In hoher Felsstufe bricht die Komponente an der Talgabelung nieder, in Wasserfällen gewinnt der Seebach den 500 m tiefer gelegenen Vereinigungspunkt mit dem Weißenecker Zufluß. Der See stellt ein Felsbecken dar, der Abfluß rieselt über anstehendes Gestein.

II. Querschnitt: Einen vorzüglichen Überblick über die hintersten Talgründe des Hollersbachtales gewährt der Nordgrat des Abrederkopfes (2970 m). Der Aufstieg dahin enthüllt besonders deutlich die Verhältnisse um den Kratzenbergsee. Er liegt in einem Trog, dessen scharf abgeschnittene Ränder links rund 2400 m Höhe besitzen, während sie rechts verschwommen sind und im Durchschnitt eher etwas höher zu liegen kommen; gegen den Talschluß zu wird die Trogschulter völlig vom Kratzenbergkees ein-genommen. Sie schließt sich unter dem Seekopf und der Plenitz-scharte zu einem Trogschluß zusammen in etwa 2450 m Höhe. Das Weißenecktal bietet sehr abgeschwächt die gleichen Verhältnisse. Das Gehänge unter der gleichnamigen Scharte (2633 m) läßt einen Trogschluß in ca. 2350 m wahrnehmen, der an der Westseite von Schutthalden überschüttet ist, dessen Fortsetzung weiter talaus als Rand aber wieder deutlich wird, links etwas ausgeprägter als am östlichen Gehänge. Über seiner Schulter sind drei kleine firn-erfüllte Mulden eingebettet, welche man als typische Kare be-zeichnen müßte, — sie zeigen die Wandumrahmung auf drei Seiten in selten regelmäßiger Weise — wenn nicht die Neigung des Schliffbordes unverändert in ihren Boden übergehen würde. Es fehlt ihnen eben ein wesentliches Merkmal des ausgebildeten Kares, die Verebnung des Karbodens.

Außerordentlich markant zeigen sich zwischen Tauernkogel (2986 m) und Bockkasten (2665 m) Untergrabungserscheinungen, welche, soweit sie nicht Karen angehören, die Firnstromhöhe in den hintersten Winkeln von Weißeneck auf rund 2600 m Höhe festlegen lassen. Vgl. Abb. 3. Das Bild zeigt zugleich, wie wenig die Karten den tatsächlichen Verhältnissen entsprechen.

Um den Kratzenbergsee, dessen südöstliche und westliche

---

[1]) Fugger wendet die Bezeichnung Weißenecker See an (l. c. S. 206).

Umrahmung heute noch großenteils verkeest ist, lassen sich bestimmte Kriterien nicht auffinden, doch erlaubt eine Kehle in etwa 2500 m Höhe am Nordausläufer des Abrederkopfes (auf der Weißenecker Seite) den Schluß, daß die Firnstromhöhe im linken Quellast etwa die gleiche wie im rechten war. Über etwaige Kommunikationen über Plenitz- und Weißeneckerscharte mit Südeis konnte ich keine Beobachtungen beibringen. Die erstere mag vom Venediger her noch Eis empfangen haben. Um die Angaben über die mutmaßliche Firnstromhöhe im Hollersbachtal in diesem Zusammenhange zu erledigen, seien noch die Beob-

Abb 3. Östliche Umwandlung des obersten Hellenbachtals.

achtungen im mittleren und unteren Teil angeführt. An dem Ostgrat der Lienzinger Spitze finden sich Anzeichen von Schliff-kerben in ca. 2300 m Höhe. Bei der Beobachtung dieser Verhältnisse vom gegenüberliegenden Gehänge stieß ich an diesem in ca. 1600 m auf prächtige Gletscherschliffe, die anscheinend erst vor kurzem durch Abschwemmung der Humus- und Rasen-schicht zum Vorschein gekommen waren; auf der polierten Fläche sind die Kritzen parallel zur Talachse verlaufend ausgezeichnet erhalten, sie rühren also vom Hauptstrom und nicht von einem östlichen Gehängegletscher her. Der Wildeckkopf (2390 m) ragte sicher zu beträchtlicher Höhe über das Firnniveau empor, während der typische Rundling Punkt 1980 m seines Nord-Nordostgrates ebenso sicher zur Zeit des Hochstandes überflossen war. Diese Einengung zwischen 2000 und 2300 m wird genauer präzisiert durch Wahrnehmungen an den nördlichen Ausläufern der das Hollersbachtal begleitenden Grate. So ist der Zwölferkopf (2274 m) ein zackiger Felsturm, während die Köpfe gleich nördlich von ihm charakteristisch gerundet sind. Von den Graten des Madleitenkopfes (2353 m) aus ließ sich die Firnstromhöhe an diesen Köpfen auf $<$ 2200 m festlegen. Um die Pihapperspitze (2514 m) sind 3 Kare verteilt; eines gegen Nordwesten geöffnet, zwei nach Westen und zwar das erste unter dem Pihapper, das zweite südlich davon. Sie sind mannigfach abgestuft und tragen wieder deutlich die Spuren der Rückwitterung und Untergrabung an der Randkluft des ehemaligen Kargletschers zur Schau. An der Felsrippe, welche westlich herabstreichend die beiden letzterwähnten Kare scheidet, ergibt sich aus der Grenze von runden und zackigen Formen ein altes Eisstromniveau in $<$ 2200 m, einen etwas höheren Betrag, also ca. 2200 m erhält man an dem Nord-Nordwestgrat des bereits erwähnten Wildeckkopfes (2369 m) vom Mahdleitenkopf aus gesehen und zwar als Schliffkehle.

Kehren wir in die obersten Talverzweigungen zurück, um die Beziehung der Übertiefungserscheinungen des Haupttales zu denjenigen seiner beiden Komponenten dem Weißenecker- und Kratzenbergtal zu ergründen. Der Zusammenhang des rechten Trograndes in Weißeneck mit der gleichartigen Bildung in ca. 1800 m hinter dem Ofner Boden stellt sich nicht einwandfrei her, völlig fehlt die Verbindung des so auffälligen ca. 2400 m hohen Randes westlich des Kratzenbergsees mit dem maximal bei 2000 m sich befindlichen am Säullahnergraben; die durchschnittliche Höhe beträgt in dieser Gegend nicht über 1900 m. Die Talstufe südlich des Ofner Bodens erweckt völlig den Eindruck eines Trogschlusses[1]. Bemerkenswert ist die nicht vereinzelt auftretende Erscheinung, daß der eigentliche Trogschlußrand mit 1800 m gegen weiter talaus befindliche Trogränder (z. B. um den Säullahnergraben 2000—1900 m) an Höhe zurückbleibt. Der Rand senkt sich übrigens in dieser Gegend rasch auf etwa 1700 m, in welchem Niveau er sich auf der rechten Flanke bereits viel weiter talauf einstellt. Zwischen Roßgrub- und Speibingalm auf eine Strecke

---

[1] Man hätte also im Hollersbachtal übereinanderliegende Trogschlüsse, den Ofner und den Kratzenberger resp. den Weißenecker, von welchen die beiden letzten gemäß ihrer Höhenlage zusammengehören, der erste liegt als Trogschluß in den Venedigertälern vergleichsweise sehr tief.

ausspringende Knick mit zunehmender Neigung des Gehänges unter ihm erhalten. Zwischen Speibingalm und Schargraben im Talunterlauf trifft man wieder auf eine Felsrandhöhe von 15—1400 m, in welchem Niveau auch die Verflachung der Talsohle des Schargrabens beginnt, der ein linkes Seitental bildet.

Auf der rechten Seite der Ausmündung des Hollersbach- ins Salzachtal ist eine Gehängeterrasse anzutreffen, die schon eher als alter Talboden-, denn als Gehängerest anzusehen ist. Mit einer mittleren Höhe von 1200 m korrespondiert sie gut mit den ansehnlichen Resten, die gegenüber östlich unterhalb des Paß Thurn (1273 m) erhalten sind. (Abb. 10.)

Vom Talhintergrund etwa von der hohen Stufe oberhalb des Ofner Bodens aus übersieht man gut den ausgesprochenen Trogcharakter des Hollersbachtales mit den besonders tief zur Talsohle herabreichenden Steilwänden. Anzeichen höher gelegener Talböden finden sich an den Gehängen nicht. Von rezenten Seen des Tales, die Fugger [1]) ausführlich behandelt, besuchte ich außer dem mehrerwähnten Kratzenbergsee den Karsee (2081 m) zwischen Zwölfer- und Madleitenkopf und den von Fugger nicht genannten See in dem Kare südöstlich davon. Zur Orographie dieser interessanten Gegend sei folgendes bemerkt: Am Graukogel (2822 m) zerfasert sich der Trennungskamm von Habach- und Hollersbachtal in zwei Grate. Der nordöstliche wird durch einen nordwestlichen Seitenast, der nordwestliche durch zwei nordöstliche Ausläufer gefiedert, so daß dadurch vier Kare eingeschlossen werden, von welchen drei nach Norden geöffnet sind, eines nach Nordosten. In ihm befindet sich der erwähnte unbenannte See. Er ist langgestreckt von West nach Ost, talauswärts sich verschmälernd, von unbekannter Tiefe. Der Abfluß rinnt über anstehenden Fels. Rundbuckel bilden die Ufer. Die Höhe beträgt 2080 m. In dem am weitesten nach Norden vorgeschobenen Kar zwischen Zwölfer- und Mahdleitenkopf liegt der kreisrunde Karsee (2081 m). Am Nordwestufer steht in Höhe des Wasserspiegels der Fels an. Niedrige wallartige Erhebungen finden sich nördlich von ihm, doch sind sie vollständig berast. Eine jetzt verschüttete Wasseransammlung in gleicher Höhe enthält das dritte Kar, das westlich des Wildeckkopfes eingebettet

---

[1]) Mitt. d. Ges. f. Salzb. Landeskde. 1890 u. 1895.

von über 2 km setzen die Steilwände völlig aus, doch bleibt der
ist. Endlich findet sich bei der Reicherleitenalm in 2070 m eine
Terrasse, die einem zugeschwemmten Seebecken ihre Entstehung
verdankt.

6. Felbertal.

Karten:

Alpenvereinskarte d. Venediger Gruppe; Österr. Spez.-Karte Zone 16 Col. VII,
Zone 17 Col. VII.

I. Längsschnitt: Das Felbertal ist gegen das Salzachtal
durch einen felsigen Querriegel, der spornartig aus dem linken
Talhang vorspringt und vom Bache in enger Rinne durchsägt
ist, geschlossen. Nach Passieren der Enge mäßigt sich das Gefälle
erheblich, doch bleibt die Sohle noch schmal, indem ein Felssporn
von links und dem rechten Hange angelagerte Terrassen ein-
engen. Diese sind Residuen eines durch den Riegel angestauten
und dann eingefüllten Sees, in dessen Alluvionen der Bach beim
Durchsägen der Felsbarrière einschnitt[1]). Weiter talein wird die
Sohle breiter, nach ziemlich ebener Talweitung folgt eine kleine
Stufe, die durch eine rezente Muré hervorgerufen wird, dahinter
breitet sich die Weitung an der Vereinigung des Felbertales in
engerem Sinn mit seiner gleichwertigen östlichen Komponente,
dem Amertal.

Die mäßig ansteigende Stufe zum Tauernhaus-Spital birgt
das Schößwendklamml, das insofern eine bemerkenswerte Bildung
aufweist, als ein im steilen Fels angelegtes Strudelloch durch-
mahlen ist, so daß eine brückenartige Wölbung entsteht. Hinter
dem Tauernhaus wird das Tal durch einen Wall gesperrt, der
äußerlich große Ähnlichkeit mit der Aufschüttung bei Bucheben
im Rauriser- und im Hollersbachtal zeigt, ohne jedoch wie diese
vom Bache ganz oder teilweise bereits zerschnitten zu sein. Man
meint eine typische Stirnmoräne vor sich zu haben. Der Wall
dämmt den Hintersee auf, (Abb. 4) der bis auf einen noch recht namhaften Rest vom Talbache zugeschüttet ist. Der Seeabfluß schneidet
zwar etwas in die Aufschüttung ein, entblößt aber nur eckiges
Material und nichtssagende Schotter. Ein eigentlicher Aufschluß
ist nicht vorhanden. Was an einzelnen Blöcken zerstreut umherliegt, ist Gehängeschutt. Solcher nimmt in mäßiger Menge aus

---

[1]) K. Peters, Die geologischen Verhältnisse des Ober-Pinzgaus, Jahrb. d.
K. K. Geol. R.A. Wien 1854, S. 791.

vier Rinnen der linken Talseite knapp nördlich des Sees seinen
Ursprung. Die südlichste Rinne dokumentiert sich durch an
ihrem Fuß vorhandene Firnreste (ca. 1300 m, Mitte Oktober 1909),
sowie ihre Steilheit als Lawinen- und Steinschlaggang. Gleichwohl
spricht gegen die Entstehung des Walles, der das Tal bis zum
gegenüberliegenden Hang sperrt, durch gewöhnliche Gehängeschuttkegel einmal die ganz geringe Neigung gegen die Sohle des
Tales: von Norden gesehen hat man den Eindruck eines allenthalben gleich hohen Kammes; ferner der Umstand, daß die Steilwände westlich des Sees fast keinen Gehängeschutt produzieren

Abb. 4. Hintersee und Talschluss im Felbertal.

und ein plötzlicher Gesteinswechsel nicht wahrnehmbar ist. Nach
alledem könnte man dem ersten Eindruck recht geben und mangels
Kenntnis der Zusammensetzung eine Moräne annehmen, wenn
nicht bekannt wäre[1]), daß im Jahre 1495 ein großer Bergsturz
von der westlichen Talseite den See staute. Unter der Tal-
bevölkerung soll sich die Kunde erhalten haben[2]): „daß die Sohle
des Felbertales vor der Katastophe mit gleichbleibendem sanften
Gefälle vom Fuß des Freigewändes bis zur Schößwendalpe
hinabzog".

---

[1]) C. v. Sonklar, Die Hohen Tauern S. 76 Anm.
[2]) F. Löwl, Petermanns Mitt. 1882, S. 139.

Ans obere Ende der Schwemmkegel, die den See vernichten, schließt sich eine mächtige, von einer Terrasse unterbrochene Steilstufe über deren östlichen oberen Teil ein Bach in senkrechten Sturz herabkommt, nachdem er jenseits der Oberkante einen ca. 10 m hohen geschliffenen Felsriegel durchschnitten und trägen Laufes den aufgefüllten Seeboden des Naßfeldes (2000 m) durchmessen. Dieses wird amphitheatralisch von verwitterten Steilwänden umgeben, die nur an der rechten Talseite durch einen großen Schuttkegel unterbrochen sind. Das Amphitheater hat frappante Ähnlichkeit mit einem Trogschluß kleineren Maßstabes, wie wir ihn im Hollersbachtal kennen gelernt und im Stubachtal (Weißenbach) ober dem Grünsee etwas modifiziert unter der Kartenbenennung: „im Winkel" wiederfinden werden. Der Talschluß im Felbertal liegt allerdings unsymmetrisch zur Talachse, ungleich entfernt vom Hauptkamm und den beiden Seitenkämmen. Die Karte gibt den Sachverhalt nur verworren wieder. Ober dem Trogschluß folgt eine Terrasse mit dem langgestreckten Mittersee (2200 m), eine Etage höher der Obersee (2350 m), durch gestufte Felswände umschlossen, über welchen sanfter geneigtes Gehänge zum Hauptkamm leitet. Die ganze Gegend zwischen Naßfeld, Felber Tauern und Hohem Sattel ist eine Glaziallandschaft, wie man sie in den oberen nördlichen Tauerntälern selten findet. Außer den genannten Seen sind noch der Platt- und der winzige abflußlose Lacklsee bemerkenswert neben zahlreichen kleinen Lachen und versumpften Tümpeln, hervorgerufen durch das unruhige Relief der Rundhöckerung mit kleinen und kleinsten Talungen und Mulden dazwischen. Übrigens sind die Rundhöckerungen der ganzen Gegend schon ziemlich stark verwittert und zerstückt. Die Umrahmung des Obersees konnte massenhaften Neuschnees wegen nicht untersucht werden; alle übrigen Seen sind ausgesprochene Felsbecken. Nähere Daten gibt Fugger [1]).

Soweit der Neuschnee eine Untersuchung des Felber Tauern zuließ, bildete hier der Hauptkamm keine Eisschneide. Als Kriterien dafür seien Rundhöcker angeführt, die sich westlich etwas oberhalb des Schartenpunktes befinden, sowie solche in der Scharte selbst. Schrammen, aus deren Richtung etwaige Schlüsse

---

[1]) Mitt. d. Ges. f. Salzb. Landeskde. 1903, S. 6, Taf. XXXIV. Fig. 20, Taf. XXXV—XXXVII.

gezogen werden könnten, wurden bei den wenigen aperen
Stellen nicht gefunden. Der Form der schneefreien Rundhöcker
nach — von Süden her ganz sanft ansteigend, nach Norden steil abfallend — möchte man auf Überfließen von Süd nach Nord schließen.
Der Spitzk. (2608 m), der knapp 6 km südlich des Felber Tauern
liegt, besitzt zackige Gipfelpartie; wenig tiefer als der Tauern
(2540 m) zeigt sich am Spitzk. eine Schliffkehle. Stand das Eis
somit an diesem von den gewaltigen wenig geneigten Einzugs-
gebieten um den Venediger an 12 km entferntem (in der Richtung
des heutigen Talverlaufs gemessen) Punkt noch etwa im Niveau
des Felber Tauern, so darf wohl über ihn eine Kommunikation
von Süd nach Nord angenommen werden.

II. Querschnitt: Zur Feststellung, daß der Felber Tauern
keine Eisscheide bildete, gesellen sich Anhaltspunkte über die
Firnstromhöhe im Felbertal selbst. Am Bärenk. (Hörndl) (2837 m)
findet ein scharfer Knick des Trennungsgrates zwischen Amer-
und Felbertal nach Nord-Nordwesten statt. Das südwestliche
Gehänge weist in der Gegend dieser Knickstelle von etwa unterhalb des Bärenk. ab, in auffälliger Weise eine Untergrabung
(Schliffkehle) auf, welche talaus steil abwärts verläuft, sodaß sie
zwischen Mitter- und Plattsee höchstens noch 2400 m Höhe
besitzt. Die ersten Anfänge beginnen in ca. 2600 m, durch einen
breiten Schliffbord getrennt folgt nach unten der ausspringende
Winkel eines Trograndes, der steil talaufwärts ziehend den Obersee
halbkreisförmig umspannt und noch den Mittersee umfaßt. Die
Randhöhe ob des Obersees beträgt an 2500 m. Im Gegensatz
zum Naßfeldtrogschluß (siehe Längsschnitt) und demjenigen des
westlich benachbarten Weißenecktales gibt die Alpenvereinskarte diese Topographie wieder. Erst weit draußen an den
Steilwänden der linken Talseite zwischen Bockkasten (2763 m) und
Lemperscharte (2738 m) zeigen sich tief unten, wo Grasanflug
beginnt, zwei länger fortlaufende Absätze, die talaus divergieren,
indem der untere steiler und steiler absinkt, während der obere
unbedeutende, soweit verfolgbar, seine Neigung so ziemlich bei-
behält. Unter Punkt 2742 [1]) des erwähnten Gratstückes beobachtet
man den oberen Knick in ca. 1900 m, die ausspringende Kante
des unteren in 1730 m. Sie senkt sich bis zum Nordende des

---

[1]) Alpenvereinskarte, Ausgabe 1908.

Hintersees auf ca. 1500 m. In den stellenweise 1000 m hohen Steilwänden zwischen der Eisschlucht der Tauernklamm am Plattsee und der Lemperscharte ließen sich außer den beiden angeführten noch andere Längsleisten streckenweise talaus sinkend verfolgen. Überdies trägt eine plötzliche Gesteinsänderung, die über dem Plattsee in die Erscheinung tritt und sich morphologisch geltend macht, zur Verwirrung bei.

Hier helfen allein die großen Züge, die andere einfacher gebaute Täler der Tauernnordflucht, besonders der Venediger Gruppe eingeprägt haben, über die vielgestaltigen nebensächlichen und zufälligen Einzelheiten hinweg: der in Vorstehendem mehrfach erwähnte „obere Knick" ist bedeutungslos, der untere ist der Trogrand und ein Rudiment der Schliffgrenze ist die südöstlich unter der Lemperscharte, wo die Wände unvergleichlich niedriger werden, zwischen 2200 und 2300 m ansetzende Kehle. Hier bildet der Kamm eine Ausbuchtung nach Westen, das darunterliegende Gehänge kann sich etwas breiter entfalten und einem schmalen Schliffbord Raum gewähren.

Gegen die Annahme, daß sich in mit 45 Grad Durchschnittsneigung und darüber aufschwingenden Felswänden ohne jegliche Gliederung durch vorspringende Rippen Schliffkehlen oder Gehängereste alter Talböden in einiger Ausdehnung erhalten hätten, spricht schon die Verwitterung. Jede Untergrabung an solchen Wandfluchten führt zum Nachsturz in kürzester Frist und damit zur Unkenntlichmachung derselben. Unterhalb des Hintersees zeigt das Tal auf der linken Flanke noch stellenweise felsigen Charakter mit recht unbestimmtem oberen Rand, so ober dem Tauernhaus Spital in etwa 1500 m, die rechte Seite ist völlig frei davon. Weiter talaus zeigt sich der fortlaufende Rand auf der linken Talseite mäßig entwickelt, auf der rechten kaum angedeutet. Man übersieht diese Verhältnisse des unteren Felbertales bis zu seiner Gabelung recht gut von den südlichen Vorhöhen des der Mündung gerade gegenüberliegenden Gaissteins (2366 m) in den Kitzbühler Alpen.

Wenn irgend eines der nördlichen Tauerntäler, so ist das Felbertal im engeren Sinn völlig frei von Seitenkaren. Gleichwohl findet man einen sehr bemerkenswerten Ansatz dazu unter dem Pihapper und zwar an dessen Südostseite. Die Höhenlage: unteres Ende 1850 m, obere Karwändchen ca. 2100 m (Schätzung nach

Horizontalvisur von bekannten Punkten) deutet wohl auf eiszeitliche Veranlagung, die Weiterbildung durch Wandrückwitterung hemmte die geringe Breitenentwicklung des dortigen Gehänges.

6a. Amertal.

Karten:

Alpenvereinskarten d. Glockner- u. Venediger Gruppe; Österr. Spez.-Karte Zone 17 Col. VII.

1. **Längsschnitt**: Aus der Talweitung an der Zusammenmündung vom Felbertal im engern Sinn und Amertal löst sich das letztere in schmaler Rinne mit mäßig steilem Anstiege ab, um nach ca. 200 m Erhebung allmählich breiter werdend eine Anzahl kleiner begrünter Talterrassen zu bilden, deren trennende Stufen unbedeutendes vertikales Ausmaß besitzen. Sie werden ausschließlich durch Schwemm- und Schuttkegel, sowie Bergsturztrümmer hervorgerufen, die sich aus Rinnen und Gräben der beiderseitigen Talflanken vorbauen. Eine derselben bildete einst den „Schwarzen See" der nach v. Sonklar[1]) vermutlich durch dasselbe Erdbeben entstand, dem der Hintersee im Felbertal seine Entstehung verdankt.* Man zählt inkl. der Ebenheit, welche die Taimeralm besetzt hält, drei solche Terrassen, die durch zwei Stufen von der erwähnten Beschaffenheit geschieden werden. Hinter dem Jagdhaus bei der Taimeralm verengt sich die Talsohle wieder, behält aber den Schutterrassenbau mit dem Unterschied bei, daß sich die Stufen nunmehr auf gewaltige Bergstürze zurückführen. Blöcke von ganz erstaunlichen Dimensionen weist besonders die erste Stufe hinter dem Jagdhause auf. Das Tal endigt mit großartigem Trogschluß. (Abb. 5.) Von dessen Rand aus scheint für den Blick talabwärts die Sohle gleichmäßig geneigt, die niedrigen, durch Aufschüttung erzeugten Stufen verschwinden für das Auge, eine Erscheinung, die öfter zu beobachten ist, z. B. im obersten Krimmler Achental und im Zillergründl. Die Trogschulter im Talhintergrund nimmt teilweise der fast kreisrunde Amersee ein (2280 m)[2]), ein Felsbecken, südlich und westlich von Schutthalden, östlich und nördlich von gewachsenem Fels umrahmt, dessen rundgebuckelten Riegel der Abfluß mitten entzwei ge-

---

[1]) Die Gebirgsgruppe der Hohen Tauern S. 76.
[2]) E. Fugger, Mitt. d. Ges. f. Salzb. Landeskde. 1905, S. 29.

schnitten hat. Ober 'dem Gehängeschutt, der den See südwestlich umrahmt, folgt über einer Wandstufe ein ansehnlicher Moränenwall, der hufeisenförmig einen Wassertümpel umspannt, erst dann kommt der kleine Gletscher unter dem Riegelkopf.

Das Firnfeld nordwestlich unter dem Großen Landeckkopf (2910 m) ist bemerkenswert dadurch, daß es die beginnende Bildung einer Steilwand durch Rückwitterung an der Randkluft deutlich zeigt.

II. Querschnitt: Das Amertal ist ein typisches Trogtal mit sehr charakteristischem Trogschluß. Mit großer Deutlich-

Abb. 5.   **Trogschlufs im Amertales.**

keit treten rechts und links die fortlaufenden Ränder mit den darunter folgenden Steilwänden auf. Von 2200 m im Talhintergrund sinkt der Rand auf ca. 1700 m am rechten Gehänge oberhalb der Taimeralm, kurz vor der Einmündung ins untere Felbertal finden sich Anzeichen bei etwa 1600 m.

An dem Gratpunkt (2667 m) nordwestlich des Kleinen Landeckkopfes (2818 m) bemerkt man in 2500 m eine sehr deutliche Schliffkehle, sie korrespondiert mit einer solchen am Grat, der vom Riegelkopf nordöstlich. herabstreicht. Weiter talaus läßt sich an beiden Hängen nichts unterscheiden, was als Höhenmarke für Firnströme angesehen werden könnte. Von ausgesprochener Karbildung ist auf beiden Hängen keine Rede.

Einer Beobachtung im Talhintergrund am linken Gehänge ist noch zu gedenken: Oberhalb der Trogschulter, die sich hier als ziemlich steiles Rasen- und Schutterrain darstellt, folgen abermals Steilwände, analog den unteren Trogmauern und darüber auffällig gering geneigte Partien, die ihrerseits an die obersten Gratabstürze stoßen. Diese Konfiguration läßt sich beiläufig bis über die Hinterödalm verfolgen; die rechte Talflanke hat nichts dergleichen aufzuweisen. Der obere Rand dieser zweiten Wandflucht verläuft der Höhenlage nach sehr unregelmäßig, etwa in der Zone 2200 bis 2400 m.

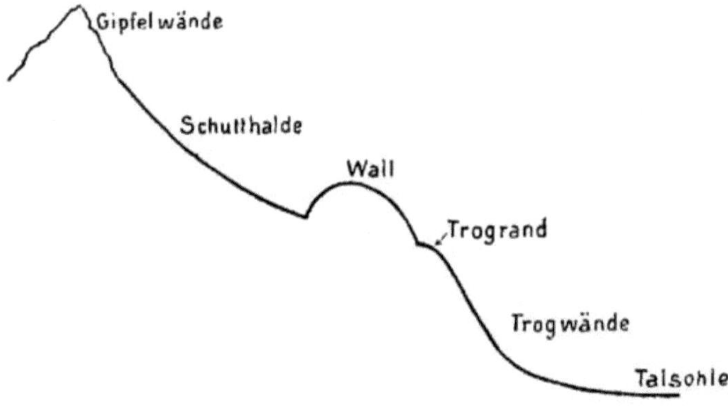

Figur 1 (schematisch).

Am Gehänge der Hinterödalm in 2000 m Höhe hart am Trogrand und noch etwas über den hier mäßig steil absinkenden hinausragend, befindet sich ein beraster, durchschnittlich 20 m hoher Schuttwall (Fig. 1), aus dem vereinzelte stark verwitterte Blöcke herausragen; nördlich von ihm zieht eine Rinne ostnordöstlich zu Tal und auf ihrer rechten Seite parallel zu ihr setzt sich der ungefähr in Richtung der Talachse verlaufende Wall scharf umbiegend etwas nach abwärts fort, indem er rasch an Höhe verliert. In der Hohlkehle zwischen dem Wall und der unten wenig geneigten Schutthalde befinden sich zahlreiche große eckige Blöcke — Gehängeschutt. Gegen die erwähnte Rinne zu ist der Hügel aufgeschlossen. Das gröbere Material ist unverkennbar kantengerundet im Vergleich zum benachbarten Abbruchschutt. Auffallend ist, daß Steine aller Größen wirr durcheinander lagern, vielfach in sandig-grusiges Mittel eingebettet. Auf dem Scheitel breitet sich eine ca. 20 m dicke rötliche Verwitterungsschicht, auf der sich der Rasen angesiedelt hat.

7. Stubachtal und Nebentäler.

Literatur:

M.   Prielmayer, Die Granatspitzgruppe in den Hohen Tauern, Zeitschr. d. D. u. Ö. A.-V 1895.

Karten:

Alpenvereinskarte d. Glockner Gruppe. Österr. Spez.-Karte Zone 16 Col. VII, Zone 17 Col. VII.

I. Längsschnitt: Das Tal mündet gleichsohlig ins Salzachtal. Es erweitert sich kurz vor seiner Mündung beträchtlich, die breite, teilweise versumpfte Talfläche ist von namhaften Schuttansammlungen eingefaßt, die ihren Ursprung teilweise einer Mure vom linksseitigen Gehänge[1]) verdanken. Oberhalb der Einmündung des Kleinen Stubachtales wird das Tal schluchtartig, das Gefälle etwas größer. Der Anstieg rührt von einem großen Bachschuttkegel der rechten Talseite her, der die Stubache ganz an die linke Talseite drängt. Es folgt ein nur ganz gering ansteigendes Stück, das bald einer niedrigen Stufe weicht, die durch Bachschuttkegel von rechts und Gehängeschuttkegel von links erzeugt wird, dann beginnt die Talweitung von Fellern. Bei dieser Ortschaft ging in jüngster Zeit eine große Schlammmure vom linken Gehänge nieder, die die Ortschaft gefährdet. Ober der Einmündung des Ödbaches gelangt man über eine Felsstufe, über welche die Wasser des Wurfbaches in Schnellen herabstürzen zur kleinen Weitung der Hopfbachalm, von der sich die Talsohle steil zum Enzinger Boden[2]) aufschwingt. Bergsturztrümmer von der linken Talseite bedecken diesen Aufschwung.

Am südlichen Ende des fast horizontalen Enzinger Bodens beginnt der ziemlich gleichmäßige Anstieg zum Grünsee; ober ihm bieten sich dem Auge Gletscherschliffe dar, sowie vielfach zerstückte und zermürbte Rundhöcker. Der Verlauf der Tal-

---

[1]) Es bleibt zu untersuchen, ob das Material einer alten Moräne entstammt.

[2]) Nach F. Peters, l. c. hat der Enzinger Boden in historischer Zeit noch als See bestanden.

sohle weist neben unbedeutenden zwei namhafte durch Stufen
und Wasserfälle getrennte Alluvialböden auf, welche talwärts
durch vom Bache zerschnittene Rundhöcker abgeschlossen werden.
Der Riegel der oberen größeren ist. ca. 5 m hoch, stellenweise
finden sich in den zugeschütteten Becken noch kleine Wasseransammlungen — eine typische Glaziallandschaft. Das Tal ist
hier gewissermaßen abgeschlossen, die Bezeichnung „Im Winkel"
ist ungemein charakteristisch. Steilabstürze verwehren den
direkten Weiterweg. Bach und Pfad holen westlich aus, um
das Hindernis zu vermeiden. Es geht nicht an, von einer Stufe
in bisherigem Sinne des Wortes zu reden. Wer aber andere
minder kompliziert gebaute nördliche Tauernquertäler kennt,
dem drängt sich unvermittelt die Bezeichnung „Trogschluß" auf.
Der obere Rand des Steilabbruches ist vom Hauptkamm und
westlichen Seitenkamm sehr nahe gleichweit entfernt. Das Eigen-
artige ist, daß kein völliger Abschluß der Talrinne wie beim
normalen Trog stattfindet, sondern westlich seitwärts eine tief
eingeschnittene Furche mit Kaskaden in steilem Anstieg zum Weissee[1]) emporleitet. Das oberste Talstück bis zum Kalser Tauern
(2512 m) ist Rundhöckerlandschaft, deren im kleinen wechselndes
Gefälle kurz unter der Paßhöhe eine nennenswerte Unterbrechung
durch fast ebene Strecke mit folgendem Steilaufschwung aufweist. Unterhalb dieses Aufschwungs, ihn und die Verebnung
teilweise bedeckend, findet sich ein perennierendes Schneefeld[2]).

Die zahlreichen noch vorhandenen und jetzt zum Teil er-
loschenen Seen des Tales hat Fugger in vollständigster Weise
beschrieben und kartiert[3]), und auch Ansichten über die Genesis
entwickelt[4]). Hier sei nur angeführt, daß Weiß-, Grün- und
Tauernmoossee Felsbecken sind, wie sich an zahlreichen Ufer-
stellen, speziell am Ausfluß nachweisen läßt.

Tauernmoos-Ödenwinkeltal.

Zum Enzinger Boden stürzt der Tauernmoosbach in hohen
Wasserfällen herab, nachdem er in der weiten Alluvialebene des

---

[1]) Mitt. d. Ges. f. Salzb. Landeskunde 1911, S. 34 ff. und Tafel 52.

[2]) Die heutige Schneegrenze liegt nach E. Richter, „Gletscher der Ostalpen", S. 251, in ca. 2600 m Höhe.

[3]) Mitt. d. Ges. f. Salzb. Landeskde. 1899.

[4]) Mitt. d. K. K. Geogr. Ges. Wien 1896. Schlußbetrachtung.

Tauernmooses in zahlreichen Mäandern mit kaum merklichem Gefälle sich hingewunden. Das nördliche Ende des Tauernmooses ist noch wassererfüllt. Oberhalb des zugeschütteten Beckens verengert sich die Talrinne und wird gegen das Ödenwinkelkees zu stellenweise schluchtartig.

Vom Tauernmoossee gelangt man in nördlicher Richtung über eine niedrige Wasserscheide (2100 m) ins Wurfbachtal. Diese Gegend zeigt Glättung und Rundhöckerung besonders markant; von Südosten nach Nordwesten ziehende Gletscherschliffe lassen sich hart am Pfade noch wahrnehmen.

Wurfbachtal.

Das kurze Seitental des Wurfbaches ist in mehrfacher Hinsicht bemerkenswert. Es bildet ein Übergangsglied zwischen Stufental und Treppenkar. Ober der Hopfbachalm weist es drei durch zwei Stufen getrennte kleine Terrassen in 1700, 1900 und 2500 m Höhe auf, die mittlere ist nach vorn durch einen niedrigen (anscheinend Fels-) Riegel geschlossen, dessen Beschaffenheit aber nicht näher untersucht werden konnte. Die Stufe zwischen ihr und der oberen hat große Ähnlichkeit mit einem Trogchluß, über dem erst ein Karboden sich breit macht.

6a. Dorfer Ödtal.

Es setzt mit 200 m hoher Stufe ins Stubachtal ab, oberhalb der Vorderödalm erzeugt ein Bergsturz von der linken Talseite eine niedrige Stufe. Ungemein ausgeprägt ist der Steilabsturz des Trogschlusses[1]), ober dem ein zugeschüttetes Wasserbecken kleinsten Ausmaßes eine Terrasse bildet. Auf den Karten ist dieses Becken noch als See angegeben. Das Profil bis zur Weiten Scharte läßt eine kleine Firnmulde noch deutlich wahrnehmen.

Nach P.-B. S. 359 finden sich „an der Vereinigung des Wurfbachtales mit dem Ödbachtal zum Stubachtal bei der Schneideralm mächtige Schuttablagerungen, die mit Sicherheit als Moränen zu deuten sind, sie setzen sich im erstgenannten Tale bis zur Hopfbachalm fort". Gemeint kann wohl nur der auffällige, teil-

------

[1]) Siehe Vollbild zwischen S. 176 u. 177 der Ztschr. des D. u. Ö. A.-V. 1895.

weise bewaldete Hügel sein, der sich von der Hopfbachalm nordwestlich in Richtung auf die Schneideralm erstreckt. Die Höhenlage 1000—1200 m, die Bezeichnung „mächtige Schuttablagerungen“, von welchen an der Vereinigung von Ödbach- und Wurfbachtal sonst nichts wahrzunehmen ist, deuten darauf hin. Eine vollständige Umkreisung dieses Walles, die Begehung der Firstlinie, sowie die Untersuchung der Abhänge an verschiedenen Stellen ergab die Gewißheit, daß man es vorwiegend mit anstehendem Fels zu tun hat, der unter dem bewachsenen Boden stellenweise glaziale Bearbeitung erkennen läßt— mit einem kleinen Riegelberg; vereinzelt stößt man auf kantengerundetes Schuttmaterial.

II. Querschnitt: Der Kalser Tauern (2512 m) bildete keine Eisscheide. Am Medelzkopf östlich des Übergangs reichen augenfällig gerundete und geschliffene Felsen bis ca. 2600 m. Die Frage, ob hier Eis von Süd nach Nord oder umgekehrt abfloß, bleibt zunächst offen; die Orographie der Umgebung des Passes, wie sie sich z. B. vom Hinteren Schafbühel darbietet, spricht nicht für ein Überfließen von Nord nach Süd. Der Felskamm, der zwischen Weißenbach und Tauernmoos aufragt, war jedenfalls unter Eis begraben. Hinterer- (2351 m) und Vorderer-Schafbühel (2334 m) sind über und über mit Rundbuckeln besetzt, ebenso der Rettenkopf (2161 m); auch der Sprengkogel (2207 m) zeigt trotz bedeutenden Zerfalls in der Gipfelregion noch untrügliche Anzeichen von Eiswirkung. Eine durch die Beschaffenheit der angeführten Erhebungen erkundete Minimalhöhe des Stubacher Firnstroms von > 2350 m wird genauer festgelegt durch Erscheinungen an den östlichen Seitenwänden des Tauernmooses- und Wurfbachtales. Zunächst läßt sich bestimmt aussagen, daß das Kapruner Törl (2635 m) keine Eiskommunikation zwischen Stubacher- und Kaprunerfirn darstellte; denn sogar die Karschliffkehlen der Seitenumrahmungen der Toten Löcher bleiben unter seinem Niveau. Entscheidend sind die Untergrabungsmerkmale unter dem Kleinen Eiser und Hacksedl. Hier zieht sich eine markante Schliffkehle in ca. 2500—2450 m durch. Unter ihr befinden sich noch weitere auf Untergrabung zurückzuführende niedrige Steilwände bis herab zu den Moränen des jüngsten rezenten Hochstandes.

Ausgezeichnete Schliffkehlen finden sich noch in dem Kar unter dem Hocheiser, an der Südwand des Scharnkogels, sowie

an der Südseite des Hackbrettls. Ihre durchschnittlichen Höhenlagen stimmen aber weder untereinander überein, noch lassen
sie sich in Parallele setzen zu den beschriebenen Vorkommnissen
unter dem Kleinen Eiser und Hacksedl. Man hat es hier, wie
schon das relativ steile Gefälle bezeugt, mit Schliffkehlen an den
Seitenwänden von Karen zu tun, die für Festlegung der Eisstromhöhe im Haupttale nicht ohne weiteres brauchbar sind.

Das Stubachtal und seine Quelläste Wurfbach-, Tauernmoos-
und Weißenbachtal zeigen nicht entfernt den Trogcharakter,
wie er dem linken Seitental, der Dorfer Öd, eigen ist[1]), doch
finden sich Trogränder an verschiedenen Stellen, so im unteren
Teil beim Holzenecker Wald ca. 1500 m, westlich oberhalb Fellern
1500—1600 m hoch, eine ausgesprochene Verebnung weist das
rechte Gehänge bei der Grundschachtalm in 1400—1500 m Höhe
auf. Am linken Gehänge oberhalb des Grünsees liegt der obere
Rand ca. 2000 m hoch als Fortsetzung des Trogschlusses „im
Winkel", der im Mittel 2100 m Höhe erreicht. Gut ausgebildet
ist der alte Trog am linken Ufer des Ödenwinkelkeeses etwa
gegenüber dem Nordwestausläufer der Totenköpfe in ca. 2250 m.
Er steigt ins heutige Gletschergebiet hinein sanft an und verliert sich allmählich, ein Trogschluß ist im Ödenwinkel nicht zu
erkennen.

Westlich der Einmündung des Stubach- ins Salzachtal treffen
wir stattliche Gehängereste; näher dem Felbertal beginnt bei
1200 m, dem Stubachtal benachbart etwas höher der steilere
Abbruch ins Salzachtal. Ober der Isohypse 1200 m weist der
ins untere Stubachtal von links her mündende Gagernbach eine
unbedeutende Gefällsverminderung auf. Das gleichfalls von
Westen her tributäre Ödbachtal, das in 1000 m Seehöhe die
Weitung der Schneideralm trifft, bricht mit 200 m hoher Stufe ab.

In die Augen fallend ist die Längsterrassierung der Ost-
gehänge am Sprengkogel (2207 m) zwischen Grünsee und Vor-

---

¹) Trotzdem stößt eine genauere Festlegung der Höhe der Trogränder in
diesem Tal infolge ihrer unbestimmten Ausprägung auf besondere Schwierigkeit.
Es gelang ihre beiläufige Fixierung im Talhintergrund auf 2000 m, ober der
Vorderödalm auf 1800 m, an der Ausmündung ins Stubachtal auf 1500 m. Die
Feststellung des alten Gletscherniveaus wurde durch die Witterung beeinträchtigt,
im Talhintergrund unter der Kühkarhöhe darf sie auf 2400 m, am Glanzgschirr
auf 2200 m veranschlagt werden.

derem Schafbühel. Man unterscheidet ungezwungen einschließlich des Plateaus südlich unter dem Gipfel vier Terrassen, deren Zwischenstufen stark verwittert sind. Weiter talaus ist das Gehänge zum Grünsee hinab mit Bergsturztrümmern bedeckt. Die erste Terrasse (1940 m) entspricht der ersten Talterrasse über dem Grünsee (siehe Längsschnitt!). Sie ist ganz und gar moorig. Die zweite Längsterrasse 2000 m ebenfalls etwas moorig, korrespondiert der Höhenlage nach mit der zweiten Talterrasse über dem Grünsee. Sie hat auch ein Pendant am linken Talgehänge, dessen von schuttbedeckten Bändern unterbrochene Steilstufen sogar eine weitergehende Parallelisierung mit dem Gehänge am Sprengkogel zulassen würden. Der Rand dieser Terrasse ist identisch mit dem bereits erwähnten Trograd über dem Grünsee. Er lässt sich ziemlich ununterbrochen gleichmäßig absinkend bis fast zur Einmündung des Dorfer Ödtales verfolgen und endigt sehr ausgeprägt gegenüber den Wiegenköpfen (1720 m), scheinbar mit ihnen im gleichen Niveau. Die dritte Terrasse am Sprengkogel liegt durchschnittlich 2070 m hoch, die vierte — Kammterrasse zwischen Vorderen Schafbühel und Sprengkogel — 2110 m. Auch sie ist versumpft und weist deutliche Rundhöcker auf. Fugger[1]), der August 1895 hier war, erwähnt zwei der Sumpfflächen noch als Seen, von welchen einer kaum 1 m tief war. Zurzeit sind alle zugewachsen.

Die Beobachtung dieser Längsterrassen stammt aus einer der ersten Begehungen. Trotz ihrer teilweisen Korrespondenz mit Talterrassen haben sie m. E. mit Talbildung, ausgenommen die als Trograd bezeichneten, nichts zu tun. Die Terrassierung ist ein Spiel der Gesteinsverwitterung, die hier Formen geschaffen hat, die zufällig mit solchen bei Tieferlegung eines Tales sich herausbildenden Ähnlichkeit besitzen.

Als bemerkenswert für den augenfälligen Rückgang der Firne im Stubachtal sei noch erwähnt, daß sich vom Sonnblickkees gegen den Kalser Tauern zu ein Teil des Firns abgetrennt hat, der 1907 noch zusammenhing und daß das Südliche Hochfilleck (2957 m) nunmehr vom Weissee zu erreichen ist, ohne daß man Schnee zu betreten hätte, während 1897 noch ansehnliche Firnlager zu passieren waren (Ende September 1909).

---

[1]) Mitt. d. Ges. f. Salzb. Landeskde. 1899, S. 12.

8. Mühlbachtal.

Karten:

Alpenvereinskarte der Glockner Gruppe; Österr. Spez.-Karte Zone 16 Col. VII,
Zone 17 Col. VII.

Bei der starken Divergenz von Stubach- und Kaprunertal
in der Gegend des Kitzsteinhornes nimmt der von ihnen eingeschlossene Gebirgskörper eine Breitenausdehnung und Tiefe
an, die für Entwicklung von vier kurzen Seitentälern Raum
geben. Die trennenden Grate strahlen vom Schmiedinger (2960 m)
nordwestlich des Kitzsteinhornes aus. Der nordwestliche Ast
verzweigt sich hoch zweimal, der nördliche entsendet einen nordöstlichen Ausläufer. Diese Teilung in fünf Glieder schließt vier
Tiefenlinien ein: Dietlsbachtal, Mühlbachtal, Radensbachtal und
Hauptmannsbachtal[1]). Das relativ bedeutendste, das von der
primären Gabelung umrahmt wird, ist das Mühlbachtal. Trogrand — bei der Lakaralm in ca. 2000 m — und Trogschluß in
ca. 2100 m sind in ihm nachzuweisen. Spuren von Eisstromhöhen ließen sich auch am Talschluß nicht feststellen, doch blieb
das Kleetörl (2373 m) den korrespondierenden oberen Gletschergrenzen im benachbarten Stubachtal (ca. 2200 m) nach zu schließen
aller Wahrscheinlichkeit eisfrei, so sehr sein Querschnitt vom
Zirmkogel (2215 m) gesehen, der einen vorzüglichen Einblick
gewährt, Rundung durch Eis vortäuscht.

Unter dem Aufschwung des Trogschlusses sinkt die Talsohle mit abnehmendem Gefälle und bildet ober der Angeralm
zwischen 1600 und 1500 m eine ca. 50 m hohe Felsstufe, über
welche der Bach in Kaskaden abfällt; kurz danach mündet ein
größerer Seitengraben von der Lakarschneid her ein, der sehr
erhebliche Schuttmassen zu Tal schafft. Mit abnehmender Neigung
fällt das enge Tal dann von 1400 m zur Salzach ab[2]).

Fugger[3]) erwähnt eines ehemaligen Seebeckens, zweier
kleiner Wasseransammlungen in 2184 m und 2181 m, sowie des
Judenalpsees (2150 m) im Talhintergrund, den weder die Österreichische Spezialkarte, noch die Alpenvereinskarte verzeichnet.

---

[1]) Nach der Nomenklatur der Österr. Spezialkarte.

[2]) Die Beigabe der Zeichnung des Längsprofils, das nichts Charakteristisches
bietet, wurde unterlassen.

[3]) Mitt. d. Ges. f. Salzb. Landeskde. S. 4—6 Taf. XLI und Fig. XXXIV.

9. Kapruner Tal.

Literatur:

E. Richter, Beobachtungen an den Gletschern der Ostalpen: Das Karlinger
Kees, Zeitschr. d. D. u. Ö. A.-V. 1888, S. 35.

H. Widmann, Neues und Altes vom Kapruner Tal, Mitt. d. D. u. Ö. A.-V. 1896.

Ch. de Beaulieu, Der Fuscherkamm in der Glockner Gruppe und seine Nachbarn, Zeitschr. d. D. u. Ö. A.-V. 1903, S. 340 f.

H. Crammer, Zeitschr. f. Gletscherkde. III. Bd. S. 153.

Karten:

Karte der Glockner Gruppe, herausgeg. v. D. u. Ö. A.-V.; Österr. Spez.-Karte
Zone 17 Col. VII, Zone 16 Col. VII.

Abb. 6. Kaprunertal.

I. Längsschnitt: Das Tal mündet gleichsohlig ins Salzachtal, die Sohle verbreitert sich am Ausgang hinter einer Einengung, die ein allmählich absinkender Sporn bewirkt, auf dessen
östlichem Ausläufer die Kirche der Ortschaft Kaprun ragt. Die
erste Unterbrechung des kaum wahrnehmbaren Gefälles erzeugt
der Riegelberg des Birkkogels, der vom Bach an der linken
Talseite in der Sigmund Graf Thun-Klamm durchnagt ist. Der
ebene Alluvialboden der Wüstelau führt zu der hohen terras-
sierten an Wasserfällen reichen Stufe, die zwischen Limbergalm
und Fürther Hütten wiederum durch schwachgeneigten Auf-

schüttungsboden, den Wasserfallboden, abgelöst wird. Die folgende hohe Stufe krönt der Riegelberg der Hohenburg, dessen kuppige Form im ganzen und Rundhöckerung im kleinen glaziale Bearbeitung offenbart. Die weite Fläche des dahinter ausgebreiteten Mooserbodens führt zum Karlinger Kees, dessen Schmelzwässer das vorliegende Schwemmland in zahlreichen einzelnen Rinnsalen trägen Laufes durchmessen. Das Tal zeichnet sich durch seinen regelmäßigen Stufenbau vor allen anderen aus.

II. Querschnitt: Nach P.-B. S. 281 liegen Anzeichen der Schliffgrenze links über dem Mooserboden in 2400 m Höhe. Worin diese Anzeichen bestehen, ist nicht näher ausgeführt. Besichtigung an Ort und Stelle führte zu keinen eindeutigen Wahrnehmungen: Die Naßwand weist Gesteinsstufen in verschiedenen Höhen auf, deren Verschneidung mit steilen Graslahnern vielfach fortlaufende einspringende Winkel bildet, die Schliffkehlen vortäuschen; das Gehänge weiter talaus in der Gegend des Seelgrates ist zwar allenthalben hoch hinauf (bis über 2500 m) gerundet und geglättet, aber man befindet sich im Bereich des Eiser- und Kleinen Grieskogelkeeses, deren stadiale und postglaziale Stände die Terrainbeschaffenheit ausreichend erklären. Vom Kitzsteinhorn ziehen zwei ausgesprochene Felsgrate gegen die Orglerhütte herab, die zwischen sich eine Hochmulde einschließen. Der südliche heißt Beilstein, der nördliche ist namenlos; das vorherrschende Gestein ist ein rostbrauner weicher Schiefer. Der nördliche Grat ist bis weit über jede wahrscheinliche Eisstromhöhe augenfällig gerundet, der südliche ausgeprägtere weist erst über 2750 m zackige Formen auf. Dieser Augenschein würde nach den üblichen Kriterien für Festlegung von Eisstromhöhen hier eine solche von ca. 2750 m fordern, wenn andere Beobachtungen nicht dagegen sprächen. In richtiger Einschätzung dieser weiter unten erörterten Wahrnehmungen bleiben für die Erscheinung nur die zwei Möglichkeiten, daß die Grate um das Kitzsteinhorn zeitweise fast völlig verfirnt waren oder daß das Gestein zu rundlichen Verwitterungsformen neigt. Die orographischen Verhältnisse schließen die erste Annahme nicht aus. Die zweite findet Stützen in Beobachtungen an der Hohen Kammer (2638 m), wo die täuschende Rundung des Anstehenden gepaart ist mit einer leidlich erkennbaren Schliffkehle in 2500 m. Sie ist als alte Karschliffkehle des Schmiedinger

Keeses für Festlegung des Hochstandes im Kapruner Tal nicht
ohne weiteres verwendbar. Hoch über derselben in Gipfelhöhe
der Hohen Kammer bemerkt man vom unteren Schmiedinger
Kees die scheinbar rundgebuckelten Schieferwülste an Stellen,
wo nie bewegtes Eis wirksam sein konnte. Das nämliche Vorkommen, wulstförmige runde Oberflächen, beobachtete ich am
nämlichen Tage auf und unter dem Gipfel der Lakarschneid
(2643 m) nordwestlich der Hohen Kammer, die gleichfalls niemals unter Eis begraben sein konnte.

Am östlichen Talhang, am Hohen Tenn und Bauernbrachkopf gestalten sich die Verhältnisse noch komplizierter, indem
Glättung durch Lawinen eine ausschlaggebende Rolle spielt. Man
hat geradezu eine Umkehrung der gebräuchlichen Kriterien, indem
die oberen Partien bis zu den Graten gerundet und in augen-
fälligster Weise geglättet sind im Gegensatz zu den tieferen
Regionen. Dazu gesellt sich eine charakteristische Rundung
s o g a r d e r K ä m m e bis zum Kleinen Tenn (ca. 3100 m), die
wohl nur durch spezifische Verwitterung erklärt werden kann;
denn dem Abbrechen der häufig vorhandenen Wächten kann
eine solche morphologische Wirkung nicht zugeschrieben werden,
sie können erst u n t e r h a l b ihres Entstehungsortes als L a w i n e n
wirken. Auch das Eiskar zwischen Hohem Tenn und Hirzbachtörl kann seiner Höhenlage (ca. 2700 m) wegen nicht für ungefähre Festlegung von Eisstromhöhen verwendet werden. Es ist
vermutlich postglazialer Entstehung. Die Neigung des ganzen Gehänges zwischen Wiesbachhorn und Bauernbrachkopf ist jedenfalls durchschnittlich nicht steiler als der Abfall des F i r n domes
des ersteren Gipfels nach Westen.

Es ist also mehr als wahrscheinlich, daß Hoher Tenn und Bauernbrachkopf eiszeitliche F i r n gipfel bildeten, eine Schliffkehle, welche
das Zusammentreffen von Eis mit aperem Terrain voraussetzt,
somit überhaupt nicht entstehen konnte[1]). Unter diesen Umständen verhelfen zur Eruierung von Maximalhöhen die Feststellungen, daß das nördlich vorgeschobene Imbachhorn (2472 m)
in seinen Gipfelpartien zackig ist und daß die Lakarscharte (2493 m)
nördlich des Schmiedingers eine Eisscheide gewesen ist: zackig
und splitterig ist die nächste Umgebung; nördlich der durch

---

[1]) vgl. auch P.-B. S. 287.

Bauernbrachkopf 3126 m und Hoher Tenn 3371 m

Kleines- 3282 m und Grosses Wiesbachhorn 3570 m

Schiefergetrümmer zweigeteilten Scharte setzt unmittelbar ein bizarr geformter überhängender Gratturm an.

Das eben erwähnte Eiskar zwischen Hohem Tenn und Hirzbachtörl, das die Alpenvereinskarte sehr gut wiedergibt, ist geeignet, auf die Modellierung von Talhängen durch ein- und aufgelagerten Firn ein Licht zu werfen und die Entstehung und Weiterbildung von Gehängenischen zu veranschaulichen, es birgt einen kleinen teilweise regenerierten Gletscher. Siehe das obere Bild der Tafel II!

Oben (hinten) und an den Seiten umrahmt ihn eine niedrige Wandstufe halbkreisförmig, die augenscheinlich durch Rückwitterung an der Randkluft entstanden ist. Die Höhe der klimatischen Schneegrenze beträgt nach Richter[1]) für die Nordseite der Glockner Gruppe 2600 m, die mittlere Höhe des nach Westen exponierten sehr frei gelegenen Eiskares geht an 2700 m hin. Oben wurde zu begründen versucht, daß der ganze Hang zur Eiszeit verfirnt war; man hätte es also mit einem sich rezent entwickelnden Kar zu tun. Jetzt ist es noch ganz flach und der Umstand, daß es einen Gletscher birgt, kann daher lokal zur Bestimmung der klimatischen Schneegrenze herangezogen werden; mit zunehmender Eintiefung und Vergrößerung des Grundrisses als Folgen der fortschreitenden Rückwitterung der Wände an der Randkluft[2]) und Ausräumung der Verwitterungsprodukte wird sich orographische Begünstigung einstellen, unter deren Förderung die Ausgestaltung zum typischen Kar dann rascher fortschreitet. Dieses Vorkommen kann m. E. als Beweis dafür gelten, daß nicht alle Kare hocheiszeitliche Formen zu sein brauchen (vgl. P.-B. S. 376), sondern daß sich gerade an Stellen, wo sich während der Eiszeit aus den eben dargelegten Gründen Kare nicht ent-

---

[1]) Gletscher der Ostalpen, S. 227, 252.

[2]) Die morphologische Wirksamkeit der Randkluft, in deren schmalem Zonenbereich infolge besonders häufiger Temperaturschwankung um den Gefrierpunkt bei stets vorhandener Feuchtigkeit die Wandrückwitterung durch Frostsprengung am stärksten ist, muß als zeitlich beschränkt angesehen werden; sie ist jedenfalls in der kalten Jahreszeit, während welcher sie meist durch Lawinen verschüttet ist, weit geringer als im Sommer oder unterbrochen. Um so bemerkenswerter ist der Effekt. — Oft findet man die Ausdrücke Randkluft und Bergschrund identisch gebraucht. Bergschrund ist ganz allgemein die Zerreißung, die an der Grenze von bewegtem und am Untergrund festhaftendem Firn eintritt, während die Randkluft Eis resp. Firn vom apern Fels trennt.

wickeln konnten, nachher die Bedingungen dafür gegeben sein können.

Anzeichen, welche auf frühere Talböden deuten können, sind im Kaprunertal an verschiedenen Stellen anzutreffen. Im untern Teil bis zur ersten Talstufe am Kesselfall ist ein Trogrand entwickelt, so besonders in der Gegend der Breitriesenalm. Der erwähnte Rand korrespondiert mit einem analogen Absatz unter der Harleitenalm in 1400 m (rechte Talseite) und gegenüber dem Wildeck (1595 m) in 1200—1300 m. Etwas höher läßt die linke Begrenzungsrippe des Grubersbaches, welche ungefähr bei Punkt 2070 der Alpenvereinskarte von der Stangenhöhe östlich abzweigt, den charakteristischen Felsknick deutlich erkennen. Ein auffälliger Trogrand zeigt sich·in der Zone zwischen 1700 und 1800 m links über der Orglerhütte, welcher mit einem fortlaufenden ausspringenden Gefällsknick zu parallelisieren ist, der sich etwas in den Wielinger Graben hineinerstreckt. Als Fortsetzung darf vielleicht der obere Rand des niedrigen Steilhanges oberhalb des hintersten Mooser-Bodens gegenüber der Naßwand gelten, den die Karten in Spuren von Felszeichnung andeuten. Die Höhe ist in rund 2300 m anzusetzen. Im übrigen gehört das Kaprunertal keineswegs zu den typischen Trogtälern.

Das Tal zeigt auch einige Gefällsknicke und ebenere Gehängestücke in Niveaus, welche eine Zurechnung zu den bisher namhaft gemachten Gehängeresten ausschließen. So tritt oberhalb der Orgler Hütte am linken Gehänge eine talaus rasch abfallende, von Wandpartien gekrönte Einkerbung in die Erscheinung, welche ganz den Charakter einer Schliffkehle trägt, aber weder nach Gefälle, noch absoluter Höhe einem eiszeitlichen Hochstand entsprechen kann. Gegen die Annahme, daß man es mit Gesteinsstufen, die durch Verwitterung geschaffen, zu tun hat, spricht aber die fortlaufende Erstreckung und regelmäßige Anordnung. Man möchte die Anzeichen am ehesten als Spuren eines Stadialgletschers deuten.

Von den Seitengräben, die ins Kapruner Tal münden, kann der Grubersbach auf die Bezeichnung eines Tales Anspruch erheben. Die Talsohle beginnt sich im Niveau von etwa 1200 m etwas zu verflachen. Die Furche, die der Abfluß des Wielinger Keeses gegraben, ist ganz untergeordneter Natur und kann füglich außer Betracht bleiben, ebenso der Zeferettengraben, der durch rückschreitende Erosion dem Grubersbache die Schmelzwässer des Schmiedinger Keeses entzogen hat (vgl. F. Löwl, Über Talbildung S. 57f., sowie E. Richter, Zt. d. D. u. Ö. A.-V. 1899, S. 22). Das Gefälle beider ist vom Ursprung bis ins Tal ein stetig steiles. Das Tälchen des Grubersbaches ist auch noch in anderer Hinsicht bemerkenswert: Zwischen Eder Hochalm (ca. 1700 m) und Salzburger Hütte (1857 m) begegnen wir geschliffenen Felsplatten mit deutlichen Schrammen, die südnördlich verlaufen. Im oberen Teil zeigt sich ausgeprägte Stufung: die Salzburger Hütte (1857 m) liegt auf einer Terrasse, ca. 100 m darüber befindet sich eine zweite, wie die erste mit Rundbuckeln bedeckt; zahlreiche kleinere Verebnungen in dem das Tal abschließenden Grubalpenkar weisen Wassertümpel auf, die unverkennbaren Rundhöcker sind meist stark verwittert und zermürbt. Im genannten Kare trifft man, z. B. auf dem Weg zum Kitzsteinhorn stellenweise Karrenrinnen, welche teils in den Fugen nahezu senkrecht gestellter Schichten angesiedelt sind, teils unbekümmert um den Verlauf von Schichtfugen Linien stärksten Gefälles folgen. Sehr oft sind die Karrentälchen mit Humus- und Rasenpolstern stellenweise ausgekleidet. Auch Ansätze zu dolinenartigen Bildungen kleinen und kleinsten Maßstabes sind vorhanden (vgl. Landeskundliche Forschungen, herausgeg. von d. Geogr. Ges. in München Heft 11, S. 45).

10. Fuscher Tal und Nebentäler.

Literatur:

Ch. de Beaulieu, Der Fuscherkamm etc., Zeitschr. d. D. u. Ö. A.-V. 1903, S. 338.

Karten:

Karte der Glockner Gruppe herausgeg. vom D. u. Ö. A.-V.; Österr. Spez.-Karte Zone 16 Col. VII, Zone 17 Col. VII u. VIII.

I. Längsschnitt: Breit und gleichsohlig tritt die „Fusch" ins Salzachtal aus. Unter gelegentlichen Verengerungen durch Schutt- und Schwemmkegel erstreckt sich die Talsohle fast geradlinig bei verschwindendem Durchschnittsgefälle bis zur Einmündung des Weichselbachtales, schluchtartig verengt steigt sie zum Naßfeld hinter Ferleiten empor. Dieser langgestreckte Alluvialboden wird durch einen großen Schwemmkegel, der sich vom Bockenaykees herab ins Tal vorschiebt, in zwei fast ebene Stücke zerlegt.

4*

Rechtwinkelig nach Westen umbiegend zieht der nunmehr Käfertal genannte Teil in steilerem Anstieg zum Fuscher Eiskar empor, welches allenthalben in hohen Steilwänden auf den unteren Talboden niederbricht, aber in seinem westlichen Teil im Bockkarkees eine ausgedehnte sanftgeneigte Firnmulde bildet.

Von glazialen Ablagerungen in dem Tal erwähnt Angerer[1] u. a. eine Ufermoräne in 2055 m auf dem Wege zur Pfandelscharte und eine Endmoräne bei Ferleiten, welch letzterer in P.-B.[2] als „mächtiger Schuttmassen" gedacht wird, „welche die Talstufe des Ferleitentales oberhalb der Mündung des Fuscher Tales[3] bilden" und die eventuell als Endmoräne gedeutet werden können. Die Begehung zwischen Embach und Ferleiten läßt vorwiegend am linken Gehänge Schuttanhäufungen vermuten. Das am meisten in die Augen springende Vorkommnis ist ein dem westlichen Talhang angelagerter Wall knapp unterhalb Ferleiten, teils bewaldet, teils berast, ca. 250 Schritte lang, 20—30 m sich über die Talung erhebend, welche ihn vom Gehänge trennt. (Abb. 7.) Der hohe mit Bäumen und Gestrüpp bestandene Abfall zum Bach weist schon ein paar Meter unterhalb des Firstes anstehenden Fels auf, der noch an zahlreichen anderen tiefergelegenen Stellen zutage tritt. Man hat es mit einem kleinen Riegelberg zu tun. Auch weiter talaus gelegene Verflachungen des Gehänges auf derselben Bachseite konnten nicht als durch Schuttanhäufungen verursacht erkannt werden, dagegen schneidet die Straße nordnordöstlich von dem beschriebenen Wall am rechten Hang bei der ersten Brücke, die von Ferleiten her über den Hauptbach führt, auf kurze Strecken Ablagerungen an, die ihrer Beschaffenheit nach als Moräne gedeutet werden können (unregelmäßig in eine Grundmasse gebettetes meist etwas kantengerundetes Material). Die Annahme, daß man es mit wenig transportiertem Gerölle des früher in höherem Niveau fließenden Baches zu tun hat, muß aber beachtet werden; gekritztes Geschiebe konnte nicht aufgefunden werden. Solches und zwar e i n größerer Block wurde am rechten Gehänge gegenüber dem Bärenwirt hart an der Straße gefunden in einem wenig mächtigen Schuttlager von grund-

---

[1] Bericht über das 23. und 24. Vereinsjahr, erstattet vom Verein der Geographen der Universität Wien 1899, S. 24.

[2] S. 359.

[3] Gemeint ist nach der hier gebrauchten Nomenklatur das Weichselbachtal.

moränenartigem Habitus, das von schwach nach Norden fallenden geschichteten Sanden unterteuft ist.

II. Querschnitt: Anzeichen alter Eisstromhöhen lassen sich an Punkt 3266 der Alpenvereinskarte südöstlich der Hohen Dock etwa im Niveau des „Hochganges" wahrnehmen. Der erwähnte Punkt präsentiert sich vom Fuscher Törl aus als vierseitige Pyramide. Die Verschneidung zweier Pyramidenseiten bildet einen südöstlich ziehenden Grat, der über 2650 m scharf und zackig bleibt, unterhalb auffällig gerundet ist. Eine sehr deutliche Schliffkehle und Untergrabung am Breitkopf (3154 m), welche mit der

Abb. 7. Riegelberg unterhalb Ferleiten.

heutigen Firnoberfläche rasch divergierend aus dem Fuscher Eiskar herauszieht, dürfte der Eisstromhöhe am Punkt 3266 m entsprechen. Die beiden Kriterien für alte Gletscherhochstände gehören dem Fuscher Eiskar an und sind daher zu hoch gelegen, um als Marken des Käfertales, des hintersten Grundes der Fusch, gelten zu können. Rasches Absinken in tieferes Niveau, von ihm aus beträchtliche Gefällsabnahme darf als sicher angenommen werden; wir setzen die obere Gletschergrenze über dem Roten Moos daher auf rund 2500 m an.

Das Fuscher Törl (2405 m) war wohl überflossen, die Partien nördlich und südlich der Einschartung sind gerundet, das ovale Paßprofil spricht ebenfalls dafür.

Gehängereste und Leisten, die auf alte Talböden schließen lassen, finden sich an verschiedenen Stellen. An der Nordseite des Grates, der das zur Unt. Pfandelscharte hinaufziehende Tal westlich begleitet, zeigen sich schwache Ansätze eines Trograndes, etwas höher, aber in wechselndem Niveau, durchschnittlich ca. 2000 m liegt der obere Rand der Steilwand, über welche die großen Wasserfälle aus dem Fuscher Eiskar herabstürzen. Der Rand dieser landläufig gesprochen senkrechten Wände hebt sich sehr scharf ab, trotzdem die darüber befindlichen Gehänge ebenfalls steil sind, von einer ausgeprägten Trogschulter also nicht gesprochen werden kann. Er wird schon wenig weiter talaus unter dem Remsköpfl undeutlich, indem die darüberliegenden Partien an Steilheit noch mehr zunehmen. Wenig gegen die Talachse zu geneigte Terrassenstücke finden sich bei der Bockenayhütte[1]); ihnen entspricht auf der rechten Talseite eine auffällige langgestreckte Terrasse in 1650 m. Etwas höher befindet sich ein Steilrand ober Ferleiten am westlichen Gehänge, etwas tiefer ein solcher an der nämlichen Talseite weiter talaus bei der Schafhütte gegenüber dem Höllenbach.

In der Zone von 1900—2000 m tritt unter dem Kleinen Wiesbachhorn das flachgeneigte „Lengfeld" heraus. Dieses, sowie die terrassenartigen Partien bei der Bockenayhütte und ober der erwähnten Schafhütte kommen auf der Alpenvereinskarte zum Ausdruck, nicht aber ein weiterer Knick (ausspringender Winkel) unter der Bockenayhütte, sowie unter dem Steilrand bei Ferleiten. Der erstere liegt nicht hoch über der Talsohle, die dort stark aufgeschüttet ist, aber absolut etwas höher als der letztere (1380—1400 m). Eine schwach angedeutete Fortsetzung kann unter dem Remsköpfl konstatiert werden.

Bemerkenswert ist der Stufenabfall vom Fuscher Törl zum Roten Moos: Vom Oberen Naßfeld (2250 m) gelangt man über einen 150 m hohen Abfall zum Unteren Naßfeld (2100 m), das einen fast ebenen Alluvialboden darstellt, talwärts geschlossen durch einen 3—4 m hohen völlig rundgebuckelten Riegel. Zwischen 1800 und 1900 m trifft man auf einen langgestreckten terrassenartigen Vorsprung, der mit sehr koupiertem Terrain besetzt ist, darunter findet gleichmäßiger Abfall zum Roten Moos statt. Ich halte die Längsterrasse für die Trogschulter. Der trennende Kamm

[1]) Vgl. auch P.-B. S. 307.

zwischen Fuscher und Seitenwinkeltal weist nördlich vom beschriebenen noch drei weitere abgestufte Mulden auf, welchen die steile Umrahmung fehlt, um als Hochgebirgskare im strengen Sinne des Wortes gefaßt zu werden. Ein solches und zwar ein aktives Gletscherkar befindet sich zwischen Kleinem Wiesbachhorn und Hochtenn, vom Walcherkees besetzt.

Die Seitentäler der Fusch, das Weichselbach-, Hirzbach- und Sulzbachtal münden in Stufen. Der ziemlich gleichmäßig steil absinkende Graben des Wachtbergbaches verdient kaum die Bezeichnung „Tal". Beim Weichselbach- und Sulzbachtal beginnt das steilere Gefälle ca. 300 m über dem Haupttal, während das Hirzbachtal eine Sprunghöhe von 8 bis 900 m aufweist. Mit Ausnahme des ersten münden die Komponenten in schluchtartigen Klammen mit Wasserfällen, besonders ausgeprägt das Hirzbachtal.

Abb. 8. **Hintergrund des Hirzbachtats.**

Dieses bemerkenswerte Hängetal, dessen Mündungsstufe trotz der Erheblichkeit und Nordexposition des Einzugsgebietes die der übrigen so erheblich übertrifft, wird in 1700 m Höhe durch einen Felsriegel abgesperrt, den der Bach jetzt in einer Klamm durchsägt hat. Dahinter weitet sich eine beträchtliche Talterrasse mit nassen Wiesen besetzt, teilweise sumpfig und moorig. Mit zu-

nehmendem Gefälle verläuft die Talsohle in das Schutt„kar“, das
von den Steilwänden unter dem nördlichen Vorgipfel des Hochtenn
umrahmt wird. Ober der hohen Stufe wird der Talquerschnitt trogförmig, der gut kenntliche Trogrand liegt über der beschriebenen
Talterrasse wenig höher als 1900 m; eine ausnehmend steile Trogschulter trennt ihn von einer selten deutlichen Schliffkehle, welche
nahe dem Karausgang an der rechten Talflanke beginnt und von
2300—2250 m ab sich talaus langsam senkt. (s. Tafel I.) Ein Trogschluß ist nicht vorhanden, auch nicht etwa von Eis verhüllt, wie es
in andern Tälern vermutet werden kann. (s. Abb. 8.) Ohne Stufe
geht die Sohle des heutigen Taltroges allmählich steiler und steiler
werdend in die amphitheatrisch sich weitenden Schutt- und Schnee-
halden unter den Fels- und Firnwänden des Hochtenn über.

Zur weiteren Festlegung der Maximalhöhe der Eisströme an
den Ausläufern des Fuscher Kammes mag die Wahrnehmung
beitragen, daß die Brandlscharte (2352 m) südlich des Imbach-
horns keine Anzeichen erkennen läßt, daß sie jemals Gletscherboden gewesen wäre.

An Hochseen erwähnt Fugger[1]) den Brechelsee (2144 m),
gegen Norden durch niedrige Barrière abgeschlossen. Das Hoch-
tal, in dem dieser See liegt, besitzt nach demselben Gewährsmann
5 Talterrassen, die zweitoberste beherbergt den See, die drei
tiefer befindlichen lassen ehemalige Seebecken erkennen. Der
Brandlsee[2]) (2180 m) scheint ebenfalls ein Felsbecken zu sein.
Er war 1910 im Oktober noch nicht eisfrei.

11. Rauris und Nebentäler.

Literatur:

K. Reissacher, Mitteilungen a. d. Bergbaurevier Gastein u. Rauris, Mitt. d. D.
Ö.-A.-V. u. 1863, S. 71.
H. Stöckl, Kolm Saigurn mit dem Sonnblick, Zeitschr. d. D. u. Ö. A.-V. 1885.
A. Penck, Gletscherstudien im Sonnblickgebiet, Zeitschr. d. D. u. Ö. A.-V.
1897, S. 52.
H. Gruber, Der Goldberg in den Hohen Tauern, Zeitschr. d. D. u. Ö. A.-V. 1902.

Karten:

G. Freytag, Karte der Goldberg- u. Ankogelgruppe 1909; Österr. Spez.-Karte
Zone 16 Col. VIII, Zone 17 Col. VIII; Umgebung d. Sonnblick 1 : 25000
Beil. z. Meteor. Zeitschr. 1887; Karte des Goldberggletschers 1 : 10 000,
Jahr.-Ber. d. Sonnblickvereins 1910.

[1]) Mitt. d. Ges. f. Salzb. Landeskde. 1899, S. 3 f.
[2]) Mitt. d. Ges. f. Salzb. Landeskde. 1893, S. 31 mit Taf. XVII.

I. Längsschnitt: Kurz bevor die Rauriser Ache sich in die Salzach ergießt, durchströmt sie die Kitzlochklamm in vier Absätzen von zusammen ca. 100 m Höhe. Die folgende Talfläche von Rauris steigt anfangs noch ganz mäßig an, um dann auf weite Strecke fast eben zu verlaufen. Knapp oberhalb der Mündung des Seitenwinkeltales bei der Einödkapelle verengt sich die Talsohle auf kurze Strecke schluchtartig, ohne viel an Höhe zu gewinnen, um dann neuerdings bis zur Mündung des Krumelbaches kaum merklich anzusteigen, abgesehen von einer niedrigen Stufe hinter Bucheben. In enger Rinne zeigt der Bach dann etwas stärkeres Gefälle bis zur Talebene oberhalb des Hollerbrandhäusls. Gefällssteigerung leitet zur Grieswies-Saigurn-Terrasse. Steil schwingt sich von hier das Hintergehänge empor, unterbrochen von einer firnbedeckten Mulde.

Das Hüttwinkeltal, der obere Teil des soeben beschriebenen Raurisertales enthält einige bemerkenswerte Aufschüttungen: bei Bucheben sperrt ein auffälliger durchschnittlich mindestens 50 m hoher Schuttwall das Tal. Auf ihm steht die Kirche der Ortschaft. Form und Lage sprechen für eine alte Stirnmoräne. Ein eigentlicher Aufschluß ist nicht vorhanden, doch lugen aus dem bewachsenen Boden zuweilen große durchaus eckige Blöcke heraus, wie sie für einen Bergsturz charakteristisch sind. Liegt ein solcher vor, so kam er unzweifelhaft von der westlichen Talflanke[1]). Beim Bodenhaus beginnend, lagern talaufwärts bedeutende Schuttmassen, rechts vom Bach meist große eckige Trümmer, links bei der Brücke unterspült das Wasser die Wälle. Dort sieht man neben Blöcken auch viel sandiges Material. Wie diese Aufschüttungen, so tragen auch die talsperrenden Massen unterhalb Bodenhaus, über welche die Straße talaus an- und absteigend führt, den Habitus eines Bergsturzes und zwar vom westlichen Gehänge. Lipold erwähnt „inmitten des Rauriser Tales ober Bucheben mehrere Schuttwälle, die ganz das Aussehen von Moränen haben und nichtsdestoweniger in historischer Zeit durch Lawinen gebildet wurden"[2]). Möglicherweise ist damit die oben näher bezeichnete Örtlichkeit gemeint.

II. Querschnitt: Zwischen Herzog Ernst (2933 m) und

---

[1]) Vgl. auch P.-B. S. 359.

[2]) K. Peters, Die geol. Verhältnisse des Oberpinzgaus etc., Jahrb. d. K. K. geol. Reichsanst. Wien 1854, S. 793.

Riffelscharte (2405 m) treten Anzeichen einer Schliffkehle auf, die sich auch an den Übergang von gerundeten zu schroffen Formen knüpft; die Messung ergibt unter der Riffelhöhe 2450 m, die Riffelscharte war vermutlich überfirnt, was durch die Eisstromhöhe im östlich benachbarten Naßfeld des Gasteiner Tales (s. S. 63) und durch die Rundlingsform des südlich der Bockhartscharte gelegenen Seekopfes (2410 m) wahrscheinlich gemacht wird. In der Umgebung der Riffelscharte selbst findet man allerdings keine Anhaltspunkte dafür, daß sie jemals Gletscherboden gebildet haben könnte. Gegenüber und zwar oberhalb des linken Ufers des heutigen Goldberggletschers finden sich Anzeichen[1]) eines alten Eishochstandes in Form von Untergrabung über dem Schliffbord in etwa 2450 m Höhe. Recht auffällig ist, daß der mächtige vom Schwarzkogel (3093 m) nordöstlich ausstrahlende Grat keine Schliffkerben aufweist und auch in Lagen, die sicher einst unter dem Eis sich befanden, keine Spur morphologischer Kennzeichen dieses früheren Zustandes an sich trägt. Dagegen darf die Bockhartscharte (2238 m) nach geglättetem Anstehenden und Rundhöckerung in der Paßnähe zu urteilen, unter die überflossenen Einsenkungen eingereiht werden und zwar bezog das Bockharttal aller Wahrscheinlichkeit nach Material aus dem Rauriser Gebiet. Andeutungen eines Schliffbordes und Verschneidung desselben in einspringendem Winkel mit steileren Gipfelpartien bemerkt man unter der Mandelkarhöhe (2415 m) und unter der weiter nördlich liegenden Turchelwand (2573 m), 200—400 m unter den Kämmen.

Das Hüttwinkeltal besitzt nur vereinzelt und verwischt die Kennzeichen der sogenannten Übertiefung, die weiter westlich gelegenen Tälern der Hohen Tauern in so sinnfälliger Weise eigen ist. Die bei weitem steileren Gehänge der linken Talseite lassen jedoch namentlich oberhalb Bucheben Rudimente von Trogwänden und Trogrändern erkennen und zwar beträgt der letzteren Höhe zwischen Bucheben und der Krumelbachmündung an 1500 m, weiter talein am Bodenhaus 1800 m. Unter der Bockhartscharte und südlich von ihr stößt man auf ansehnliche Gehängeterrassen, die in etwa 1900 m steil gegen die Durchgang- und Filzenalm abbrechen; dieser Rand läßt sich als ausspringende Kante und

---

[1]) Vgl. dazu auch P.-B. S. 281, sowie das Textbild in Zeitschr. d. D. u. Ö. A.-V. 1897, S. 57.

somit als Verschneidung von höher gelegenem, sanfter geneigtem
Terrain mit tiefer befindlicher steilerer Böschung weiter talaus
in etwas wechselndem Niveau verfolgen, so bei der Seealphütte
in 1800 m, bei Mitterasten oberhalb des Bodenhauses in etwa
1700 m, an der Talgabelung oberhalb Wörth in rund 1600 m.
Das Seitental des Vorsterbachs erfährt von 1400 m abwärts eine
Gefällssteigerung.

11 a. Seitenwinkeltal.

Die Nomenklatur ist eine schwankende: die Österreichische
Spezialkarte schreibt Seidlwinkl, Freytags-Karte (1909) Seitel-
winkel, Ravensteins Übersichtskarte der Ostalpen 1 : 250000 Bl.
Nr. 5 Seitenwinkel.

Karten:

G. Freytag, Karte der Goldberg- und Ankogelgruppe 1909, Österr. Spez.-
Karte Zone 16 Col. VIII, Zone 17 Col. VII, Zone 17 Col. VIII.

I. Längsschnitt: Gleichsohlig mündet diese bedeutendste
Komponente der Rauris, die dem Hüttwinkel an Längenerstreckung
nur ganz geringfügig nachsteht. Erst in beträchtlicher Entfernung
von der Talgabelung erleidet die breite aufgeschüttete Sohle, zu
der zahlreiche Gehängeschuttkegel herabziehen, eine schluchtartige
Verengerung: von rechts tritt ein mächtiger Bergsturz ans Wildwasser heran, links ragen unvermittelt Steilwände empor. Hinter
der Stufe, die dadurch bewirkt wird, betritt man eine mit Almen
besetzte Talweitung, die einer durch Schuttkegel und Bergstürze
von rechts und links hervorgebrachten Einschnürung weicht,
gleichzeitig treten auch die felsigen Talwände näher zusammen.
Mit scharfer Biegung wendet sich der Talverlauf von Nord nach
West und steigt in engem Graben zur ersten Alm hinter dem
Tauernhaus empor, wo die Schuttkegel, die bisher zum Bach herabreichten, zurücktreten und einer kleinen elliptischen Talweitung
Raum geben. Eine neuerliche Einschnürung durch Gehängeschutt,
die steileres Gefälle mit sich bringt, leitet zur Weitung der
Seppenbaueralm empor. Die letzte Alm zwischen 1800 und
1900 m ·liegt auf einer kleinen ebenen Talterrasse. Darüber
schwingt sich der Hintergehänge steil empor zur Trogschulter
mit scharf ausspringendem Winkel. Schutterrassen, mannigfach
geneigt, getrennt durch sanftwellige felsige Stufen, ziehen zur
Einschartung des Hochtores empor, die schließlich über mäßig
geneigte Schutthänge gewonnen wird.

Unterhalb des Tauernhauses, kurz nachdem die Talrichtung eine südwestliche geworden, befindet sich eine wallförmige Talsperre, die recht wohl eine Moräne sein könnte, der Form nach. Da alles berast ist, kann über die petrographische Beschaffenheit des Hügels nichts ausgesagt werden. Deutlich ist die Partie von einem kleinen Bergsturz von links her teilweise überlagert. Die klüftigen und brüchig aussehenden Felsen der rechten Talseite oberhalb der Stelle lassen vermuten, daß das überlagerte einem älteren Bergsturz von rechts her entstammt.

II. Querschnitt: Ganz im Gegensatz zum Hüttwinkeltal zeigt das Seitenwinkeltal schon bald nach seiner Abzweigung ausgeprägten Trogcharakter. Zu außergewöhnlicher Entfaltung kommen die Trogwände in der Talenge unter der Edweinalm, sie reichen bis ins Bachbett und sind bis zum Rand hinauf geschliffen und geglättet, wie sonst in keinem der nördlichen Tauernquertäler. Die Verwitterung hat seit der letzten Eisbedeckung hier noch kaum Angriffpunkte gefunden und trotz der enormen Neigung der Wände ist soviel wie nichts abgestürzt. Das Tal erreicht hinter der Einschnürung, deren Querprofil $\bigvee$-förmig ist, rasch wieder die typische Trogform und behält sie bis zum Trogschluß bei, dessen Ränder deutlich ausgebildet sind; auf der linken Talseite wird der Rand in auffälliger Art teilweise von ebenen Terrassenstücken gebildet, an welchen die Steilwände nach abwärts unmittelbar senkrecht ansetzen, dadurch wird der Trogrand ungemein scharf herausgearbeitet. Er befindet sich am halbkreisförmigen Zusammenschluß in 2060 m. Auf der rechten Talseite zieht ca. 50 m tiefer ungefähr parallel dem Rand eine Gehängeterrasse ein Stück sanft geneigt talaus, die aber gegen die Talachse keine Abböschung besitzt. Unter dem Edlenkopf (2918 m) treffen wir den Trogrand in 2000—1900 m.

Die selten gute Erhaltung der Talwände in dem erwähnten Engpaß läßt, sofern in den höheren Partien kein anderes Gestein ansteht, auf deutliche Konservierung von Schliffmarken schließen, es fand sich aber nur an dem Sporn, der von dem südwestlichen Vorgipfel des Edlenkopfes westlich absinkt, ein Anzeichen in etwas über 2400 m. Dazu kommt die Feststellung, daß das Fuschertörl (2405 m) aller Wahrscheinlichkeit nach keine Eisscheide zwischen Seitenwinkel und Ferleiten bildete. Die Form der Kammdepression, sowie die Rundform der rechts und links befindlichen Erhebungen sprechen dafür, außerdem die aus anderen Tatsachen abgeleitete Firnstromhöhe in Ferleiten (siehe Seite 53). Ob das Heiligenbluter Hochtor (2572 m) eine Verbindung zwischen nord- und südalpinem Eis herstellte, wurde an Ort und Stelle nicht untersucht. Das heutige Profil der Einsenkung spricht nicht dafür, die Formen der östlichen und westlichen Flankierung würden der Annahme nicht entgegen sein. Die Betrachtung der Topographie der umgebenden Einzugsgebiete macht eine Kommunikation unwahrscheinlich.

Man kann die sehr ausgedehnten Areale über 2000 m zwischen Wustkopf, Hochtor und Fuschertörl unmöglich als Kare im engeren Sinne bezeichnen, wie es Volksmund und Karte tun, dazu fehlen vor allen Dingen umrahmende Wände. Die Hochflächen liegen zu frei und offen, um sie als Nischen im Hintergehänge anzusprechen; die Oberfläche bietet ein unruhiges Relief, mannigfaltige Stufung tritt in verschiedenen Lagen auf, man kann im ganzen 6 Stufen über dem Trogrand feststellen, getrennt durch terrassenartige Verebnungen, diese und die Stufen sind aber wieder im einzelnen durch kleine Mulden und Rücken modelliert, die letzteren stellen meist Rundhöcker dar. Spärliche Vegetation zwischen Schutt, der die Kleinformen oft verhüllt, höher oben vereinzelte Firnflecke vervollständigen das Bild des jetzt eisfreien Sammelgebietes.

Im mittleren Teil des Seitenwinkeltales entwickeln sich rechts und links Seitenkare. Das unter dem Edlenkopf gelegene weist den Bockkarsee (ca. 2560 m) auf[1]).

12. Gasteiner Tal und Nebentäler.

Literatur:

K. Reissacher, Mitt. aus dem Bergbaurevier Gastein und Rauris. Mitt. d. Österr. A.-V. 1863, S. 90.

J. Jäger, Das Gasteiner Tal, Globus Bd. 91, 1907, S. 373.

A. Penck, Aegerters Karte der Ankogel-Hochalmspitzgruppe, Mitt. d. D. u. Ö. A.-V. 1909, S. 372.

F. Becke, Glazialspuren in den östlichen Hohen Tauern. Zeitschr f. Gletscherkunde III, 202.

Karten:

Karte der Ankogel- und Hochalmspitzgruppe, herausgeg. vom D. u. Ö. A.-V. 1909.

[1]) Mitteil. d. Ges. f. Salzb. Landeskde. 1899, S. 3, Taf. XXVIII.

G. Freytag, Karte der Ankogel- und Hochalmspitzgruppe 1909; Österr. Spez.-
Karte Zone 16 Col. 8, Zone 17 Col. 8.

I. Längsschnitt: Mit einem über 60 m hohen Wasserfall
mündet die Gasteiner Ache in die Salzach, nachdem sie die
Gasteiner Klamm durchbraust. Kurz vor Klammstein treten die
Talflanken auseinander und man betritt die Talweitung von Hof
Gastein, deren fast ebener Boden sich in wechselnder Breite
über 20 km hinzieht. Oberhalb der Einmündung des Kötschachtales hebt die Talenge bei Bad Gastein an, welche von der
Ache in Kaskaden und den berühmten Wasserfällen passiert wird,
deren Sturzhöhe 60 und 80 m beträgt. Es folgt eine horizontal
anmutende Fläche, die oberhalb Böckstein einer engen Fels-
schlucht mit 2 größeren Wasserstürzen weicht, durch die man die
Anschwemmungsfläche des Naßfeldes erreicht. Von dessen süd-
östlichem Ende leitet das Weißental in starkem Gefälle zum
Hauptkamm empor.

Das kurze Bockharttal, das mit 300 m hoher Steilstufe
abbricht, besitzt bis unter die gleichnamige Scharte gebrochenes Gefälle. Über den unteren Teil der Stufe stäubt der Abfluß des Unteren
Bockhartsees im Schleierfall herab. Oberhalb des Unteren
Bockhartsees (ca. 1850 m) folgt ein mit zahlreichen Rundhöckern
bedeckter Aufschwung, der anfangs mäßig ansteigt, weiter talein
aber zunehmende Neigung erkennen läßt. Auf dem Tritt oberhalb
der Stufe, der Andeutungen einer Fortsetzung in Form einer
Längsterrasse am rechten Talgehänge besitzt, liegt der Obere
Bockhartsee (2061 m)[1], um den sich nach oben steiles Gehänge
halbkreisförmig schließt. Der Rand befindet sich ca. 50 m unter
der Scharte, die 2238 m hoch liegt. Der Untere Bockhartsee[2]
(bei Fugger l. c. Pochartsee genannt) ist durch anstehendes
gerundetes Gestein nach vorn abgeschlossen was man an einigen
von Vegetation entblößten Stellen erkennt.

Das Angertal[3] wurde nicht besucht. Es mündet mit
etwa 250 m hoher Stufe oberhalb Hofgastein. Über seinen

---

[1] Mitt. d. Ges. f. Salzb. Landeskunde. S. 11f. und Fig. 53.

[2] Mitt. d. K. K. Geogr. Ges. in Wien 1896, S. 643 und P.-B. S. 304;
Mitt. d. Ges. f. Salzb. Landeskunde 1911. S. 6—11 und Tafel 50.

[3] E. Fugger, d. Seen d. Angertals. Mitt. d. Ges. f. Salzb. Landeskunde
9111. S. 13—20 und Fig. 54—57.

Querschnitt lassen sich aus der Karte keine sicheren Schlüsse ziehen.

Anlauf- und Kötschachtal wurden nicht ihrer ganzen Ausdehnung nach begangen. Von einer Beschreibung des Talverlaufs ist daher abgesehen, Längsschnitte nach der neuen Alpenvereinskarte sind beigegeben.

II. Querschnitt: In den obersten Quelltälern des vielverzweigten Talsystems stoßen wir auf mancherlei Anzeichen, die Schlüsse gestatten, in welchem Grad das Gebirg einstmals vergletschert war. Vom Kreuzkogel (2686 m), der die östliche Begrenzung des Naßfeldes südöstlich von Böckstein beherrscht, zweigt ein Grat in nordwestlicher Richtung ab, der sich bald nach Westen wendet. Die Gipfelpartien zeigen das Aussehen zackiger Hochgebirgsgrate, im Niveau von etwa 2400 m werden sie von runden Formen abgelöst. Die Bockhartscharte (2238 m) wurde vom Eis passiert, wie geglättete Felsen und Rundhöcker an der Scharte selbst bezeugen. Die gerundete Kuppe des südlich der Scharte stehenden Seekopfs (2410 m) läßt auf eine Firnhaube von ca. 200 m Dicke über der Scharte schließen. Die Vordere- (2311 m) und Hintere Lainkarscharte (ca. 2325 m) auf dem Kamme zwischen Anlauf- und Kötschachtal befanden sich unter Firn. Für erstere erweisen dies etwas verwitterte aber einwandfrei kenntliche moutonnierte Felsen; noch reichlich 100 m über letzterer, die nicht besucht wurde, treffen wir am nordöstlichen Gehänge geglättete Felsen. An der linken Flanke des obersten Anlauftales sucht man vergebens nach alten Eismarken; der vorgeschobene Viehzeitkogel (2486 m) nähert sich der Rundlingsform. Das hinterste rechte Gehänge des Anlauftales, das als Schober- und Grubenkar bereits der eiszeitlichen Firnmulde zugehörte, konnte nicht mehr besucht werden. Aus der neuen Karte der Ankogel- und Hochalmspitzgruppe, die während der Begehung des Gebietes noch nicht zur Verfügung stand, erkennt man unter den Lainkarspitzen einen auf die Entfernung von 1 km von etwa 2600 m auf 2400 m sich senkenden einspringenden Gefällsknick, der als Schliffkehle zu deuten sein dürfte. Im Zusammenhalt mit den oben mitgeteilten Beobachtungen gibt dies Anlaß, im Querschnitt Viehzeitkogel-Lainkarspitzen die obere Eismarke in rund 2400 m anzusetzen.

Nach Schliffkerben, die aus dem nordöstlichen Tischlerkar

herausführen und nach der Beschaffenheit des Böcksteinkogels (2531 m) zwischen Tischler- und Kühkar darf die Eisstromhöhe in dieser Gegend auf etwa 2550 m angesetzt werden. Der Rauchzaglkogel (1925 m), ein Riegelberg mitten im unteren Teil des großen ehemaligen Einzugsgebietes „Am Akar" ist ein typischer Rundhöcker mit sanft abgedachter Stoßseite und steil abfallend in Lee. Das vollständige Fehlen von Eismarken am ungegliederten rechten Gehänge des obersten Kötschachtales ist auffallend. Zunehmende Verschärfung des Grates ostsüdöstlich von Leiten- (2432 m) und Großkogel (2403 m) ließe annehmen, daß die eben erwähnten Erhebungen zur Hocheiszeit keine Nunataks bildeten. Höher als die Palfnerscharte (2332 m), die einen Übergang aus dem Kötschachtal in den Palfnergraben vermittelt, stößt man außerhalb des Bereiches von Kargletschern auf Rundhöckerung; Graukogel (2497 m) und Feuersang (2476 m) scheinen in den Gipfelpartien eisfrei gewesen zu sein. In Gegensatz dazu zeigt der 8 km weiter talaus gelegene Gamskarkogel (2465 m) östlich Hofgastein, von Süden gesehen Rundlingsform. Aus ihr den Schluß auf eine minimale obere Gletschergrenze bei Hofgastein von ca. 2470 m zu ziehen, ist unhaltbar. Es liegt die nicht allzu seltene Erscheinung von Rundformen über dem alten Eisniveau vor, sofern nicht überhaupt der Gipfel nur von Süden als Kuppe erscheint, von anderen Standpunkten aber scharfe Formen erkennen läßt. Aus der Abwägung der vorstehenden Angaben leitet sich eine Eisstromhöhe von etwa 2250 m (eher höher) bei Bad Gastein ab.

Die meist gut ausgebildeten Trogformen der hohen Lagen der Verzweigungen des Gasteiner Tales gestatten ein Verfolgen der Ränder dieser Formengattung ziemlich weit talaus. Das von der Riffelscharte herabkommende S i g l i t z ist ein Trogtal mit Zusammenschluß der Wände im Hintergrund in ca. 2200 m, der Rand verläuft unregelmäßig, läßt sich aber gegen den Ausgang zu auf 2100—2000 m festlegen. Die stetig abnehmende Neigung der unter den Wänden steil ansetzenden Schutthalden ist es vorwiegend, die den Eindruck des U-förmigen Querschnitts hervorruft. In der Höhe von 2020 m weist die rechte Begrenzung des Naßfeldes den typischen Gefällsknick auf, unter dem die Hänge dann felsig absetzen. Der Gefällsbruch läßt sich durch die Enge des Naßfelder Tales an der linken Flanke mit Unterbrechungen gut verfolgen, er befindet sich an der Talmündung in etwa 1900 m.

Das Anlauftal[1]) ist gleichfalls ein wohl ausgebildeter Trog mit Zusammenschluß der Wände im Hintergrund; dessen felsige Partien an der linken Seite werden durch Moränen und Schuttkegel verhüllt, so daß es unmöglich ist, eine bestimmte Zahl für die Trogschlußhöhe mitzuteilen, auch weiter talaus ist der Rand recht zerstückt, doch bietet er in seiner Gesamtheit, trotzdem er sich gelegentlich talab höher abbildet, als an Stellen weiter talauf, für das Auge eine mit der heutigen Talsohle ungefähr parallel sinkende Linie. Man kann ihn im Talhintergrund auf ca. 2200 m, in der Gegend unterhalb der beiden Lainkare auf 1900 m ansetzen.

Trefflich markiert sich der Rand unter dem Graukogel bei Bad Gastein, wo er in 1800 m etwa mit der Waldgrenze zusammenfällt, sowie in gleicher Höhe am gegenüberliegenden linken Gehänge.

Ein enger ungemein charakteristischer Trog mit Trogschluß etwas unter 2100 m, (unterhalb des Tischlerkares) ist das Kötschachtal, besonders bemerkenswert deshalb, weil ein mit 500 m hoher Stufe von rechts einmündendes Seitental, das die Kesselalm birgt und im Kesselkar endigt, wiederum ein typisches Trogtal mit Trogschluß in 2300 m Höhe ist.

Reich ist das Gasteiner Gebiet an Karen und Seen, die sich fast ausschließlich an erstere knüpfen. Das westliche Gehänge des Weißentales und Naßfeldes nehmen drei aktive Gletscherkare ein — Stufenkare, das kurze Siglitztal nimmt seinen Ursprung aus einem solchen zwischen Herzog Ernst und Schareck; zum Naßfeld setzt das Ödenkar mannigfach gestuft ab, es beherbergt in etwa 2250 m den Kleinen Knappenbudelsee. Ausgedehnte Kare entwickeln sich im Anlauf- und Kötschachtal mit zahlreichen Lachen und Seen in verschiedensten Höhenlagen über 1100—2400 m. Das Hiörkar in ersterem bildet einen Übergang zu einem Seitentälchen. Wie schon beim Obersulzbachtal bemerkt, kann es nicht im Rahmen dieser Arbeit liegen, Spezialbeschreibungen und Untersuchungen über alle Kare zu bieten. Zwei eingehender begangene „Am Akar" im Kötschachtal und das Palfnerkar ober Bad Gastein sollen im folgenden etwas näher betrachtet werden. Östlich der Palfnerscharte (2333 m)

---

[1]) E. Fugger, der große Tauernsee im Anlauftal, Mitt. d. Ges. f. Salzb. Landeskunde 1911. S. 23—28 und Taf. 52.

liegt auf kleiner Terrasse der Windschnursee (2237 m). Er ist
anscheinend in lockeres Material eingebettet, doch deuten fast
bis zum Seespiegel reichende Rippen anstehenden Gesteines
darauf, daß dies auch anderwärts nur durch Schutt verhüllt ist.
Zwischen Scharte und See ist alles rundgebuckelt. Der Gams-
karsee, der noch besucht wurde, ist ein Felsbecken, am Abfluß
durch einen Riegel aus gewachsenem Fels geschlossen. Außer
diesen Wasserbecken weist die Umgegend eine ganze Anzahl
größerer und kleinerer Ansammlungen, sowie vermoorter Stellen
auf, wie auch die Karten zeigen. Das zwischenliegende unregelmäßig gestufte Terrain ist in hervorragender Weise geschliffen
und gerundet, auf den Rundhöckern zerstreut umherliegendes
Blockwerk kann weder durch Wasser noch durch Absturz, sondern
lediglich durch Eistransport in seine Lage gebracht sein.

Das benachbarte Palfnerkar ungleich kleiner und die Spuren
der Gletschertätigkeit weniger auffällig zur Schau tragend, ist
ein Stufenkar, dessen einzelne Absätze in 2200 m, 2100 m, 1500 m
liegen. Auf der zweiten Ebenheit von oben breitet sich der
Boden einer ehemaligen Wasseransammlung, auf der dritten
liegt der Palfnersee[1]) (2070 m), nach unten von einem Blockwall
umrahmt, eine deutliche Wassermarke am anstehenden Fels zeigt
ein Sinken des Wasserspiegels um 70 cm an (September 1909).
Das Palfnerkar vermittelt in deutlicher Weise den Übergang vom
Treppenkar zum Stufental. In etwa 2000 m stößt man auf einen
kleinen, aber typischen Trogschluß.

Die Kare am Westgehänge des Tales gegenüber Hofgastein,
das Schloß-, Maus-, Maurach-, Laidalp- und Wiednerkar beschreibt Fugger, er erwähnt ca. 40 kleine Seen und Wasser-
lachen[2]), die auch die Spezialkarte teilweise verzeichnet und
beschreibt und skizziert eine Anzahl derselben[3]). Die Höhenlage
schwankt um 2000 m.

13. Salzachtal.

Karten:

Karte der Venediger Gruppe, herausgeg. v. D. u. Ö. A.-V.; Österr. Spez.-Karte
    Zone 16 Col. VII—VIII, Zone 17 Col. VI—VII.

An den südlichen Flanken des oberen Salzachtales zwischen
Vorderkrimml und Neukirchen stößt man auf alte Gehängereste:

[1]) Mitt. d. Ges. f. Salzb. Landeskunde 1911. S. 2—6 und Taf. 49.
[2]) Mitt. d. Ges. f. Salzb. Landeskde. 1908, S. 14.
[3]) L. c. S. 12—24, Fig. 37—51.

Unter dem Rabenkopf (2037 m), dem nördlichen Eckpfeiler der Scheidewand zwischen Krimmler Achen- und Obersulzbachtal breitet sich eine ausgedehnte talabwärts geneigte Terrasse, deren oberer Rand sich im Niveau von etwa 1600 m mit steileren Partien verschneidet, während der Abbruch zum heutigen Tal bei 1400 m anhebt. An der linken Flanke haben sich rechts und links des Dirnbaches in geschützter Einbuchtung Übergänge von Gehänge- zu Talbodenresten in 1200 bis 1150 m erhalten. (Abb. 9) Der Bach durchschneidet sie in typischer Erosionsschlucht und schüttet im Tal einen mächtigen Schwemmkegel auf, erst jüngst ging hier wieder eine Mure nieder, welche die Straße zwischen Neukirchen und Rosental zerstörte. Die alten Talbodenreste setzen sich im allgemeinen im gleichen Niveau verbleibend flußaufwärts bis über die Einmündung des Trattenbaches fort mit Wiesen, Gehöften u. vereinzelten Feldern besetzt. Östlich

Abb. 9.   Talbodenreste am Dirnbach.

des Habachtales finden sich anscheinend Terrassenreste, die aber nicht genauer untersucht wurden, den Karten nach[1]) liegt eine Verflachung zwischen 13 und 1500 m. Der Talrest rechts oberhalb der Ausmündung des Hollerbachtales in ca. 1200 m, der mit den Residuen unterhalb des Passes Thurn (Abb. 10) korrespondiert wurde bereits

---

[1]) Es stoßen hier gerade vier Blätter der Österr. Spez.-Karte zusammen, Zone 16 Col. VI, VII und Zone 17 Col. VI, VII.

bei Besprechung des Hollerbachtales in Betracht gezogen, ebenso die
Vorkommnisse zwischen Stubach- und Felbertal bei Behandlung des
ersteren. Westlich von Kaprun, südlich von Piesendorf haben
sich Terrassenreste zwischen 1000 und 1100 m erhalten, sie verlieren östlich an Höhe. Am Ostende der spornartigen Absenkung
steht die Kirche von Kaprun. Unter dem Plattenkogel (1818 m)
westlich von Taxenbach liegt der Terrassenrand in 1000 m Höhe.
Die Sohle des Rauriser Tales beginnt zwischen 900 und 800 m
steiler zu werden. Das große Gasteiner Tal verengt sich unter-

Abb. 10. **Alter Talboden unter dem Pass Thurn.**

halb 800 m zur Klamm, um auf geringe Horizontaldistanz über
150 m abzusinken.

Die südlichen Gehängestücke des Salzachtales zwischen den
einzelnen Quertälern sind von beträchtlicher Breitenentwicklung
mit Ausnahme des Stückes zwischen Ober- und Untersulzbachtal,
das durch diese beiden nördlich zusammenlaufenden Tiefenlinien
im Mitterkopf gleichsam keilförmig zugeschärft wird. Die übrigen
zeigen recht verschiedenartiges Relief, teils gliedern echte Kare
das Gehänge, teils finden wir sekundäre Quertäler und Gräben
entwickelt. Die Partie zwischen Felber- und Stubachtal ist soviel
wie ungegliedert. Als sehr geräumige Kare stellen sich das
Krimmler- und Sulzauer Rinderkar dar, über welch ersteres bei

den Ausführungen über das Krimmler Achental einiges bemerkt wurde. Unter dem Popberg zwischen Untersulzbach- und Habachtal ist die Wildalm eingebettet, eine Art Stufenkar mit Verebnungen in 1600 und 2000 m, nach Norden exponiert. Der obere kleine Boden schließt nach vorne mit einem niedrigen Wall ab, der nach Form und Lage auf eine Moräne deutet, die beraste und zur Zeit des Besuches mit Neuschnee bedeckte Oberfläche läßt über die Zusammensetzung nichts aussagen. Der Karentwicklung zwischen Habach- und Hollersbachtal wurde bei letzterem gedacht, ebenso der Kare am Pihapper. Der ausgedehnte Komplex zwischen Stubachtal und Kaprun ist inkl. des Mühlbachtales durch vier steil zur Salzachniederung absinkende Furchen zertalt (vgl. Mühlbachtal S. 45). Quertäler zweiten und dritten Ranges schneiden sich auch östlich von Kaprun bis zur Gasteiner Ache in die breiten Nordabdachungen der Querkämme ein.

Heute verlegt man den Ursprung der Salzach in das Tonschiefergebirge nördlich des Gerlospasses und betrachtet die wasserreichere Krimmler Ache als den ersten südlichen Zufluß. Die topographischen Verhältnisse der Salzachquellen stellt Fugger[1]) in einer Kartenskizze dar. Die dabei angewandte Nomenklatur weicht von der Österr. Spezialkarte ab. Das Gebiet der Salzachquellen stellt danach eine Mulde dar (Fugger gebraucht nicht den Ausdruck Kar), die sich in vier durch Stufen getrennte Terrassen aufbaut in den bezw. Niveaus von 2000 m, 2060 m, 2120 m, 2280 m. Die letzte birgt den Salzachsee. Die übrigen weisen unverkennbare Spuren aufgefüllter und verwachsener Seebecken auf. Rundhöcker und Moränen dokumentieren die ganze Gegend als ehemalige Gletscherlandschaft. Man darf die Mulde wohl als Stufenkar ansprechen. Die Umrandung übertrifft an mehreren Stellen 2400 m, der höchste Punkt erreicht im Salzachgeier 2470 m. Weitere Einmuldungen, denen das Prädikat Kar zuerteilt werden könnte, finden sich in den nördlichen Gehängen des Salzachtales nicht mehr.

Ohne von Fuggers Beobachtungen[2]) Kenntnis zu haben, stieß ich gelegentlich der Abgehung des Gehänges zwischen

---

[1]) Mitt. d. Ges. f. Salzb. Landeskde. 1893, S. 37 und Fig. 11.
[2]) Mitt. d. Ges. f. Salzb. Landeskde. 1893, S. 210.

Krimmler Achen- und Obersulzbachtal auf der breiten Terrasse oberhalb des Walder Wieserwaldes in einer großen Waldlichtung auf langgestreckte ungleich hohe Wälle, die westöstlich verlaufen und durch Tälchen geschieden sind. Ihre Zahl betrug 4—5, die mittlere absolute Höhe 1530 m, die relative Höhe des ansehnlichsten ca. 8 m, alle waren dicht mit Heidelbeergestrüpp bewachsen, Aufschlüsse nicht vorhanden. Zuweilen sichtbare kleinere Gesteinsbrocken sind kantengerundet, ohne indes Spuren von Kritzung zu tragen; vereinzelt durchstoßen die Vegetation große scharfkantige Blöcke. Gegen das östliche Ende der Wälle zu erhält man an einer Stelle dürftigen Einblick in die Zusammensetzung: kantengerundete Trümmer sind in eine lehmige Masse eingebettet, die letztere überwiegt. Ganz in der Nachbarschaft lagert ein großer, völlig kantengerundeter und geglätteter Gneisblock. 100 m tiefer findet sich östlich der beschriebenen ein kleiner Wall, von ihm südlich durch eine flache Mulde getrennt und beiläufig in der Höhe des ersterwähnten Vorkommens ein weiterer Rücken, nach all den angeführten Merkmalen unterliegt es kaum einem Zweifel, daß wir es hier mit einer Anzahl alter Ufermoränen zu tun haben.

Am Teufelsstein, einem großen erratischen Block bei Rosenthal 20 m nördlich von der Schmiede daselbst, den schon Simony[1]) erwähnt, wird jetzt ein südlich vorgelagerter kleiner Wall abgebaut und dessen Gesteinsmaterial verschiedensten petrographischen Charakters verwendet. Der niedrige Wall ist eine Moräne. Vom Teufelsstein stößt man etwas talauf hart nördlich der Straße auf einwandfreies Grundmoränenmaterial, ca. 400 m westlich der Ruine Hieburg (912 m) etwas niedriger als sie, findet sich inmitten eines dürftigen Kartoffelfeldes ein markanter Rundbuckel, in dessen Umgebung besonders östlich viel erratisches Material umherliegt. Der nördlich davon befindliche ca. 30 m hohe bewaldete Wall, der von hier gesehen nicht als solcher erscheint, da er sich aufs Hintergehänge projiziert (in der Tat aber durch ein Tälchen scharf getrennt ist), ist keine Aufhäufung loser Massen; knapp unter dem First und auch an Stellen des steilen Nordabfalls tritt anstehendes Gestein zutage. Ob der Hügel, auf welchem die Ruine Hieburg ragt, glazialer Auf-

---

[1]) Mitt. d. K. K. Geogr. Ges. Wien 1872, S. 484.

schüttung seinen Ursprung verdankt, konnte aus Mangel an Aufschlüssen nicht entschieden werden. Aus dem Rasen blicken zuweilen Stücke hervor, die durchaus nicht scharfbrüchig sind. Die Bausteine der Cyclopenmauern der Ruine enthalten nur ausnahmsweise scharfkantiges Material, gerundete Gneise sind vorherrschend. Simony (l. c.) erklärt den Schloßhügel für eine Moräne. Nach diesen Wahrnehmungen, den Beobachtungen von Fugger[1], der bei Scheffau eine das Salzachtal querende 20—25 m hohe Moräne fand und Pencks Mitteilungen[2]) ist in der Gegend um Rosenthal und Wald ein Gletscher einige Zeit stationär gewesen.

Über den Verlauf einer oberen eiszeitlichen Gletschergrenze im Salzachtal finden sich in den „Alpen im Eiszeitalter" Angaben, welche ergänzt durch Beobachtungen, wie sie sich vornehmlich an den Ausgängen der südlichen Quertäler ergaben, und bei den einzelnen Talbeschreibungen näher begründet wurden, tabellarisch zusammengestellt sind (siehe Tabelle I, 13). Zur Auffindung etwaiger erratischer Grenzen wurden von den Kitzbühler Alpen besucht: Roßberg (2055 m) bei Wald, Wildkogel (2227 m) bei Neukirchen, sowie der Höhenzug vom Gaisstein (2366 m) bis zur Schmittenhöhe (1968 m), leider ohne nennenswerten Erfolg. Über Höhen erratischer Vorkommnisse in den Kitzbühler Schieferalpen berichtet Brückner (Vergletscherung des Salzachgebiets in Pencks Geogr. Abhandlungen I, S. 40—43).

II. Zusammenfassung.

A. Die obere Gletschergrenze[3]).

Fälle, in welchen sich die obere Gletschergrenze so einwandfrei festlegen läßt, wie im Zemmgrund[4]) (vgl. Abb. 11), oder an dem Schwärzenkamm[5]), sind mir aus den nördlichen Quertälern der Hohen Tauern nur ganz vereinzelt bekannt[6]). In den beiden

[1]) Mitt. f. Salzb Landeskde. 1893, S. 208.
[2]) P.-B. S. 358.
[3]) Nach P.-B. S. 283 f. ist dies die Grenze der letzten großen Vergletscherung — der Würmeiszeit.
[4]) Ergänzungsheft Nr. 132 zu Petermanns Mitt. S. 28 und Taf. 3.
[5]) P.-B. S. 279 und Vollbild zwischen S. 278 und S. 279.
[6]) Vgl. Tafel I.

als typische Beispiele angeführten Fällen hat man es mit beider-
seits von Eisströmen bearbeiteten Felsgraten zu tun, welche
einer mäßig aufsteigenden geglätteten und gerundeten Fläche
(dem Schliffbord) splitterig und zackig mit großer Steilheit entragen. Infolge der nach oben plötzlich einsetzenden schroffen
Neigung entsteht mit dem Schliffbord ein einspringender Winkel
(Schliffkehle); sein Scheitelpunkt ist eine alte Gletschermarke.
Die Bestimmung der Höhenlage zweier Scheitelpunkte gibt bei
bekannter horizontaler Entfernung das Oberflächengefälle zwischen
diesen Punkten. Nichts wäre einfacher als solche Bestimmungen,

Abb. 11. Trennungsgrat von Horn- und Waxeckkees.

wenn die erwähnten Typen, an welchen sich die Begriffe Bord
und Kehle herausbildeten, allenthalben erkennbar wären. Die
Aufgabe, Hochstände und Verzweigungen des diluvialen Eisstrom-
netzes in den Alpen zu verfolgen, wäre längst abgetan. Von
der Erwägung ausgehend, daß in einem Tale zwei möglichst
weit entfernt liegende einwandfrei erkannte obere Eismarken
Gefälle und Eismächtigkeit für das ganze Tal geben, könnte man
die Bestimmung von Zwischenpunkten für entbehrlich erachten.
Sie wäre entbehrlich, wenn stetiges Gefälle zwischen beiden
Punkten angenommen werden dürfte, was früheren Anschauungen
von der inlandeisartigen Überschwemmung des Gebirges ent-
sprach. Seitdem aber eine durch die Talformen im wesentlichen
vorgezeichnete Entwicklung von individuellen Eisströmen erkannt

ist, führt nur Detailuntersuchung einzelner zu richtigen Vorstellungen, die dann einer gewissen Verallgemeinerung fähig sind. Diese Untersuchung wird aber erschwert durch Mangelhaftigkeit oder Vieldeutigkeit der Kennzeichen. Schliffkehlen, das einwandfreieste Merkmal, treten in dreierlei durch die Lage bedingten Modifikationen auf: als solche in den obersten Ursprungsgebieten (vgl. Abb. 11 u. 12), unter welche auch die einleitend erwähnte am Schwärzenkamm fällt, als „Karschliffkehlen", erzeugt durch seitliche Zuflüsse aus den Gehängenischen[1]), endlich als Untergrabungen einer[2]) oder beider Talflanken — „Gehängeschliff-

Abb. 12. Schliffkehle im obersten Amertal.

kehlen" — oder Einkerbungen in Zweiggraten, die meist Kare scheidend mehr oder minder rechtwinklig zur Talachse verlaufen. Die erste und zweite Abart sind nicht streng auseinander zu halten, nur die letzte gibt alte Eisstromhöhen des Tales; meist steil absinkend können die ersten beiden Schlüsse auf sie zulassen. Die Ausdrücke Schliffkehle und Untergrabung bezeichnen nichts wesentlich Verschiedenes, bei Anwendung der einen Bezeichnung rückt der einspringende Winkel in die Anschauung, bei Gebrauch

---

[1]) Vgl. Abbildung 3, Seite 28.
[2]) Siehe Tafel I.

der anderen die über ihm ansetzende Steilwand, das Produkt des
vorbeistreichenden Firnstromes (Randkluft). Beispiele für solch
klarliegende Verhältnisse finden sich zahlreich als „Schliffkehle"
oder „Untergrabungserscheinungen" unter der Rubrik „Bemerkungen" der Tabelle I.

Wo diese sicheren Merkmale fehlen, da muß man seine
Zuflucht zu Formenkomplexen nehmen, die zwar alle dem Gegensatz zwischen einstmaliger langer Eisbedeckung und ständigem
Emporragen über die Eisströme entspringen, aber in mannig-
faltiger Weise auftreten können. Und auch wo die sicheren
Merkmale vorhanden sind, da wird man diese Begleiterschei-
nungen würdigen und zum Vergleich heranziehen, um gegebenen-
falls aus ihnen allein annehmbare Ergebnisse zu gewinnen.

Von der Benutzung erratischer Maximalhöhen, welche
in Kalkgebieten, die von Zentralalpengletschern passiert wurden,
einwandfreie Minimalhöhen ergeben, kann in den Ursprungsgebieten der Zentralreviere selbst nur in ganz untergeordneter
Weise Anwendung gemacht werden, weil der Nachweis erratischen
Materials bei den allmählichen Übergängen der Gesteine vom
Zentralgneis in die Schieferhülle schwierig ist. Sieht man auch
von der Verwendung der Tatsache ab, daß Karhöhen (gemeint
ist die Höhe der Karschwelle)[1]) in den Nährgebieten stets in
geringem (zwischen 100 und 200 m wechselndem)[2]) Abstand
unter der oberen Gletschergrenze bleiben, so verhelfen
je nach der Sachlage folgende Erwägungen zu großer Annäherung an die Wirklichkeit.

Wir gehen vom Begriff des Kares aus. Die Definition[3])
so verschiedene Merkmale die einzelnen Begriffsbestimmungen
auch besonders hervorheben, begegnen sich in zwei wesentlichen
Punkten: Der steilwandigen Umrahmung auf drei Seiten
und der Verflachung des Bodens, die sich häufig zu rück-
läufigem Gefälle steigert, von Böhm[4]) spricht von kessel-

---

[1]) Das Vorhandensein einer solchen oder wenigstens eines ebenen oder
nahezu ebenen Bodens setzt der Karbegriff voraus (vgl. das Folgende).

[2]) P.-B. S. 266, 285.

[3]) Vgl. auch v. Richthofen in Neumayers Anleitung. 3. Aufl. S. 334.

[4]) Die alten Gletscher der Enns und Steyr, Jahrb. d. K. K. Geol. Reichsanstalt 1885, S. 95, 96 des S.-A.

förmigen Nischen, ihm schließt sich Richter an[1]), Penck[2]) hebt die Karwannen als wesentlichen Bestandteil hervor, de Martonne[3]) betont ebenfalls den ebenen oder sehr schwach geneigten Boden. Viele nördliche Quertäler der Tauern besitzen keine Kare in diesem Sinn. Sie fehlen völlig dem Amertal, dem Felber-, Habach- und Untersulzbachtal, auch das Hollersbachtal weist keine Typen auf, im Obersulzbachtal verlieren sie sich vom mittleren Abschnitt ab talaus auf der rechten Seite[4]). Auch die Gründe des Zillertales weisen wenige solch typischer Kare auf, wie beispielsweise Tafel II[5]) in Petermanns Ergänzungsheft Nr. 132 recht wohl erkennen läßt; man betrachte besonders die steilen trichterförmigen Böden der linken Flanke des Stilluptales, die steile Felsumrahmung zeigt sich hier noch gut ausgeprägt. Sie ist so ziemlich verschwunden am rechten Gehänge des Zillergrunds (vgl. l. c. Blatt 1 des Panoramas der Ahornspitze und Karte der Zillertaler Gebirgsgruppe-Ost). Trogschulter und Karböden gehen ineinander über, nur wenige niedrige Rippen, die von den Gipfelgraten zu Tal ziehen, gliedern das Gehänge. Analoge Verhältnisse, wie die eben am Bilde demonstrierten, finden sich z. B. im hinteren Untersulzbachtal (rechte Seite), im obersten Habachtal (beide Flanken, besonders aber die linke) und in anderen. Die zu Tal ziehenden Rippen (die Zeichnung des erwähnten Zillertaler Panoramas gibt diese allerdings nur ganz verschwommen wieder) zeigen sich nun in bestimmtem Niveau wie abgeschnitten, man hat den Eindruck, daß sie sich ohne gewaltsamen Eingriff viel weniger steil mit dem Gehänge, aus dem sie jetzt unvermittelt hervorwachsen, verschneiden müßten. Die unnatürliche Steilheit wurde durch das gerade in dieser Höhe lange Zeit vorbeistreichende Eis geschaffen, das die untersten Ansätze der Rippen untergrub. Man hat es mit Schliffkerben an Graten zu tun, mit dem Unterschied,

---

[1]) Erg.-Heft Nr. 132 zu Petermanns Mitt. S. 1.

[2]) Morphologie der Erdoberfläche 2. Bd., S. 365 f.; P.-B. S. 265 ist der Begriff insofern etwas modifiziert, als „der Boden bald ziemlich steil ansteigt, bald wannenförmig eingesenkt ist."

[3]) Annales de Géographie 1901, S. 11/12.

[4]) Vgl. Abbildung 1. S. 18.

[5]) Die Tafel ist das Blatt 2 des Panoramas der Ahornspitze, welche ursprünglich als Beilage zur Zeitschr. d. D. u. Ö. A.-V. 1895 in 3 Blättern erschienen ist.

daß sich der Grat unter der Schliffkerbe nicht mehr als solcher fortsetzt. In der Tabelle I wurden auf solche Weise gewonnene obere Schliffgrenzen als „Abstutzung von Querrippen auf dem Schliffbord" gekennzeichnet, in Anlehnung an Penck[1]), der für, wie mir scheint, analoge Verhältnisse im Seebachtal der Ankogelgruppe, das ich aus eigener Anschauung nicht kenne, diesen treffenden Ausdruck anwendet.

In ausgiebigem Maße wurde von einem der am frühesten erkannten Merkmale Gebrauch gemacht, das bei der Verwendung der eben besprochenen auch stets eine gewisse Rolle spielt, von der Grenze zwischen runden und zackigen Formen. Am Ausgang der Quertäler ins Salzachtal erniedrigen sich die Grate, welche die ersteren scheiden, und es ist von vornherein zu erwarten, daß die auf drei Seiten von Eis umfluteten nördlichen Eckpfeiler dieser Grate dankbare Beobachtungsobjekte für obere Gletschergrenzen abgeben. Die Tatsachen entsprachen dieser Erwägung nicht in der gehofften Weise. Man nimmt bekanntlich an, daß unter Eis begrabene Erhebungen sogenannte Rundlinge[2]) bilden, daß bis zu beträchtlicher Höhe entragende bei nicht allzu großer Steilheit zu sogenannten Karlingen[3]) umgestaltet werden, daß Nunataks von geringem vertikalen Ausmaß durch zackige Gipfelpartien ihr Verhältnis zum ehemaligen Eisstromnetz verraten. Ausnahmen sind nicht gerade selten, daß nämlich Rundformen über jede annehmbare Firnstromhöhe sich erheben und splitterige Grate (besonders im Kalk) weit unter ihr bleiben. Schon deshalb ist große Vorsicht in der alleinigen Anwendung dieses Kriteriums geboten. Es kommt dazu, daß die „Grenze zwischen runden und zackigen Formen" keine Linie ist, sondern eine, wenn auch schmale Zone umfaßt und daß die Verwitterung seit Schwinden der letzten Hocheiszeit bestrebt ist, die von Eis modellierten Formen in solche überzuführen, die die Wirkung dieses Agens nicht mehr deutlich zur Schau tragen.

Im Vergleich zu der heutigen Vergletscherung der Alpen war die eiszeitliche von den rezenten Nährgebieten abwärts enorm gesteigert. Der Grund lag nicht allein in klimatischen Verhältnissen. Bei freier Abflußmöglichkeit aus den hochge-

---

[1]) Mitt. d. D. u. Ö. A.-V. 1909, S. 373.
[2]) P.-B. S. 284.
[3]) P.-B. S. 286.

legenen zentralen Gebieten wären die Eisströme bald unter die Schneegrenze gelangt und der Ablation verfallen. Infolge des Reliefs der Alpen mußten sie einen langen vielgewundenen Weg durch Längstäler zurücklegen, bis sie durch ein paar enge Pforten, z. B. die Durchbrüche des Inns und der Salzach, das Vorland erreichen konnten. Die Kalkalpen bewirkten, wie besonders Richter[1]) ausführt, einen gewaltigen Anstau, wodurch das Phänomen der Vereisung weit über seine eigentlichen klimatischen Ursachen hinaus gesteigert wurde; denn durch die künstliche Anschwellung gerieten die Areale bis zur Ausmündung aufs Vorland allmählich über die Schneegrenze und damit ins Nährgebiet. In den Nährgebieten der heutigen Gletscher dagegen herrschten keine sehr viel mächtigeren Firnansammlungen als wir jetzt vorfinden; wo einwandfreie Merkmale vorliegen, sehen wir die Spuren der eiszeitlichen Gletscheroberfläche sich mit der heutigen verschneiden[2]). Aus dieser Tatsache kann man umgekehrt aus der Erfüllung der heutigen Firnfelder, in welche die diluvialen asymptotisch übergehen, bei Fehlen anderer Merkmale näherungsweise Schlüsse auf diese ziehen.

Ständig war das Augenmerk darauf gerichtet, ob Pässe und Einschartungen im Hauptkamm oder den Querkämmen vom Eis passiert waren oder nicht und des öfteren gaben solche Feststellungen je nach ihrer Höhenlage wertvolle Fingerzeige über Eisstromhöhen in den Tälern oder über Gefällsverhältnisse in den hintersten Gründen. Auch Kommunikationen von Nord- und Südeis über den Hauptkamm hinweg konnten teils sichergestellt, teils in den Bereich der Wahrscheinlichkeit gerückt werden.

Auf Grund der Berücksichtigung all der erwähnten Momente war es in einzelnen Fällen möglich, Oberflächengefälle der Quertalgletscher von den obersten Nährgebieten bis zur Längsfurche festzustellen, so im Krimmler Achen-, Obersulzbach-, Habach-, Felber- und Stubachtal (siehe Tabelle I, 1, 2, 4, 6, 7). Das stetige Ansteigen vom Salzachtal an nimmt erst mit Annäherung an die heutigen Firngebiete allmählich zu. Im Habachtal bewirkt der Trogschluß eine Gefällssteigerung, im Obersulzbachtal

---

[1]) Erg.-Heft Nr. 132 zu Petermanns Mitt. S. 34.
[2]) P.-B. S. 282, 605.

die heutige „Türkische Zeltstadt", die möglicherweise einen solchen verhüllt, im Felber- und Stubachtal die ungeheuren oberen Talstufen (vgl. die bezüglichen Längsprofile Tafel IV u. V), die im Stubachtal sogar zu einer Umkehrung der sonst beobachteten Gefällsverhältnisse führen; auch im Hollersbachtale geht das relativ weite Herabreichen des $50\,^0/_{00}$-Gefälles wohl auf Rechnung der Stufe oberhalb des Ofner Bodens. Die übrigen Täler, bei welchen nicht vom Hauptkamm ausgegangen werden konnte, spiegeln gleichwohl das allgemeine Resultat einer Zunahme des Oberflächengefälles in der Gegend der heutigen Firnfelder wieder, mit Ausnahme des Seitenwinkeltales, für das die Unsicherheit der zugrunde liegenden Zahlenwerte bereits in der Talbeschreibung gewürdigt wurde. Die große Ausdehnung und besonders die geringe Böschung der ehemaligen Einzugsgebiete läßt übrigens die Anomalie verstehen.

Bei der recht verschieden hohen Lage der Ausgangspunkte (z. B. Habachtal 2950 m, Felbertal 2600 m) und der beträchtlichen Horizontaldifferenzen (z. B. Krimmler Achental 20 km, Habachtal 11 km) wurde darauf verzichtet, auch bei den einheitlich von der Eisscheide bis zur Konfluenz verfolgten Gletschern Mittelwerte aus den mittleren Gefällszahlen der einzelnen Täler zu ziehen. Die mittleren Gefällszahlen der einzelnen alten Eisströme sind eben nicht ohne weiteres miteinander vergleichbar. Dagegen lassen sich bei einigen Tälern andere Gefällsabschnitte in Parallele setzen, deren geringe Differenz sich lediglich auf verschiedene Horizontalerstreckung zurückführen läßt. Obersulzbachtal-, Habachtal- und Anlauftalgletscher weisen vom Trogschluß etwas talabwärts an gerechnet (bezw. vom Großen Jaidbachkees, von der Kleinen Weitalm und von den Lainkarspitzen, siehe Tabelle I und Karte der Venediger Gruppe) Gefälle von 22, 20, $15\,^0/_{00}$ auf, der Krimmler Achental-Gletscher nach Ausklingen der Nachwirkung seiner hohen Firngebiete vom Gamsbühel ab $17\,^0/_{00}$, der Hollersbach-, Felber und Stubach-Gletscher von unterhalb der hohen Talstufen (bezw. von Lienzingerspitze, Lemperscharte und Glanzgschirr) 27, 16, $17\,^0/_{00}$. Die weit talaus gelegenen Talstufen des Krimmler Achen- und Obersulzbachtales geben zu keinem Gefällsbruch der alten Gletscheroberfläche mehr Anlaß. Es mag daher angehen, als mittleres Oberflächengefälle für nicht allzulange Nebentäler (Rauris und Gastein scheiden aus) vom jeweiligen Haupttal bis zu entfernt gelegenen hohen Talstufen und Trogschlüssen das arithmetische Mittel aus den sieben mitgeteilten Werten mit 19°/$_{00}$ anzugeben. In der Gegend von hohen Talstufen im Talinnern, von Trogschlüssen und im heutigen Nährgebiet war die Beschaffenheit des Untergrunds von Einfluß aufs Oberflächengefälle der sich talauf mehr und mehr auskeilenden Gletscher. In der Nähe der Längstalfurche mit ihren gewaltigen Eismächtigkeiten reagierte das Oberflächengefälle selbst auf Gefällsbrüche des Untergrunds von 500 m, wie z. B. die Krimmlerstufe nicht mehr deutlich.

Die Gefällsverhältnisse der großen Quertalkomponenten: Amertal-, Dorfer Öd-, Seitenwinkel-, Kötschachtalgletscher bieten mangels von Zwischenwerten in der Trogschlußgegend zu besonderer Betrachtung keinen Anlaß. In dem relativ steilen Gefälle (30°/$_{00}$) des Kapruner Gletschers zwischen Mooserboden und Salzachtal machen sich die hohen Talstufen geltend, dem 30°/$_{00}$-Gefälle des Fuschertalgletschers zwischen Rotem Moos und Salzach ist wenig Wert beizumessen, da an entscheidender Stelle Beobachtungen nicht beizubringen waren.

Im Salzachtal senkt sich die Eisoberfläche von Krimml zum Salzachknie bei St. Veit auf ca. 80 km um etwa 200 m[1]), was einem durchschnittlichen Oberflächengefälle von 2,5°/$_{00}$ entspricht. Nach den Beobachtungen wäre ich geneigt, in der Gegend des Untersulzbachtales (siehe Talbeschreibung des Querschnittes S. 20) eine Höhe von < 2200 m, also etwa 2150 m anzusetzen, was einem Oberflächengefälle von ca. 6°/$_{00}$ im obersten Salzachtal entspräche und bei weiterer stetiger Absenkung einem solchen von ca. 2°/$_{00}$.

B. Taltrog, Talstufen[2]), alter Talboden.

Ein wesentliches Element in der Physiognomie vieler Hochtäler der Nordabdachung der Hohen Tauern bildet der Taltrog,

---

[1]) P.-B. S. 269, 270.

[2]) In dieser Arbeit ist unter Talstufe stets ein quer zur Talrichtung verlaufender Aufschwung der Talsohle gemeint. Für ober oder unter ihm liegende Verflachungen wird die Bezeichnung (Tal-)Terrasse oder Tritt (im Gegensatz zur Stufe) gebraucht. An den Gehängen des Tales in seiner Längsrichtung sich erstreckende Verebnungen werden je nach ihrer Breitenentwicklung und Höhenlage als Längsleisten, Gehängereste, (Trog-)Schultern, Gehängeterrassen, alte Talbodenreste angesprochen.

in den nördlichen Quertälern der Venediger und Zillertaler Gruppe
bestimmt er das Landschaftsbild. Der Wanderer, der die öfters
vorhandene Mündungsstufe ins Längstal der Salzach überwunden
hat, sieht sich am Grunde eines fast geradlinig aufwärts ziehenden
Grabens von U-förmigem, häufig trapezartigem (__/) Querschnitt,
je nachdem Schutthalden mit nach oben zunehmendem Neigungswinkel sich den das Tal begleitenden Felswänden anschmiegen
oder diese unvermittelt bis zur Sohle niederbrechen. Von Aus-
blick auf die höher gelegenen Partien der Seitenflanken des Tales
ist meist keine Rede, sofern nicht ab und zu steile Schutt- und

Abb. 13. **Sohle des obersten Habachtales.**

Schneerinnen die geschlossenen Felsmauern durchreißen. Das
in diesen Rinnen abwärts beförderte Material stuft häufig die
Talsohle als Bachschwemmkegel (Mure), das von den zwischenliegenden Wänden abgewitterte als Gehängeschuttkegel; eine
sehr bedeutende Rolle kommt in beiden Fällen den durch Lawinen in Bewegung gesetzten Massen zu. Gelegentliche Durch-
blicke, die solche Breschen gestatten, lassen vielleicht hohe
Gipfel eines Seitenkammes erkennen, deren weites Zurückliegen
überrascht. Es müssen zwischen ihnen und der eigentlichen
Talrinne weite Flächen geringerer Neigung eingeschaltet sein,
als sie die Talwände besitzen. Steigt man an einer der wenigen

Stellen der Talflanken, an welchen es möglich ist, empor, so leitet der steiler und steiler werdende Anstieg plötzlich auf sanft geneigtes Terrain; gleichzeitig gewinnt man Übersicht. Man bemerkt, daß der Steilrand, der soeben überwunden wurde, sich mäßig ansteigend auf beiden Seiten talauf zieht und sich im Hintergrunde halbkreisförmig zusammenschließt. Die Talsohle ist also in einem typischen Trogtal von den unter den Gipfelgraten sich weitenden Flächen stets durch Steilwände getrennt[1]). Der Übergang des mäßig geböschten Terrains zu den Steilwänden, der sich als ausspringender Winkel, zuweilen ungemein scharf als rechtwinkelige Felskante markiert, ist der Trogrand, die Wände darunter die Trogwände, das Terrain oberhalb die Trogschulter oder der Schliffbord, welcher zuweilen ohne weitere Übergänge in Karböden und Karterrassen verläuft. In der Regel sind allerdings Trogschulter und Karböden Flächen verschiedener Böschung. Die tiefer liegende Trogschulter hebt sich normaler Weise durch ihr stärkeres Gefälle von der darüber folgenden Verebnung des Karbodens ab. Der amphitheatralische Zusammenschluß der Trogränder und -wände heißt Trogschluß. Diese Begriffe haben sich durch E. Richter, der den Taltrog zuerst eingehender würdigte[2]), und Penck[3]) eingebürgert. In den „Alpen im Eiszeitalter" findet man S. 289 und 298 zwei sich gegenseitig ergänzende Bilder der Erscheinung des Troges. Vgl. auch Abb. 5, 13, 14 (Seite 37, 80, 82), sowie Tafel I dieser Arbeit.

Von dem geschilderten Typus, wie ihn besonders das oberste Drittel des Habachtales (siehe Abb. 14, Seite 82), dann Teile des Hollersbach-, Öd-, Amer- und Seitenwinkeltales aufweisen, weichen die meisten der besuchten Täler in höherem oder geringerem Grade ab. Dem mittleren Untersulzbachtal, sowie Teilen des Felbertales im engeren Sinn fehlt infolge ihrer Schmalheit, dem rechten Hang des unteren Obersulzbachtales infolge der Asymmetrie der Talrinne zu den Seitenkämmen die Trogschulter. Im oberen Krimmler Achental und an den Westhängen des Obersulzbachtales z. B. ist außer für die Trogschulter noch Raum zu ausgedehnten Karen. Trogschlüsse sind auch in den ausgeprägteren Trogtälern nicht immer einwandfrei nachzuweisen. Die Gletscherlängs-

---

[1]) Vgl. den schematischen Querschnitt durch ein typisches Trogtal Fig. 2, B.

[2]) Ergänzungsheft Nr. 132 zu Petermanns Mitteilungen S. 49 ff.

[3]) P.-B. S. 288, 313, 314.

profile (Tafel IV—VI) des Krimmler Achen-, Obersulzbach-, Unter-
sulzbach-und Kaprunertals weißen bezw. in ca. 2500, 2400, 2700 und
2700 m Oberkanten von Talstufen auf; ob diese unter Eis begrabene
Trogschlüsse markieren, bleibt unentschieden. Völlig fehlt ein Trogschluß dem Ödenwinkel (Taf. V), dem Hirzbach- (Taf. V u. Abb. 8,
S. 55) und dem Weißental (Taf. VI). In Ausnahmefällen finden
sich mehrere Trogschlüsse übereinander angedeutet, so im
Felber- und vermutlich auch im Hollersbach-Kratzenbergtal.
Über den bis ins Herz des Hochgebirges so tief gelegenen
Sohlen des Fuscher- und Hüttwinkeltales sind Rand und Schulter
sehr rudimentär, ein Trogschluß kaum erkennbar. Diese langen
breiten Täler muten in jeder Beziehung anders an, als die west-

Abb 14. **Trog des hinteren Habachtales.**

lichen engen Furchen. In ersteren konnte der Begriff „Trog"
nicht geprägt werden, so wenig als in dem östlich gelegenen
mittleren und unteren Gasteinertal. Fundamental unterschieden
vom typischen Trogtal mit seinen niedrigen Aufschüttungsstufen
sind auch diejenigen Furchen (besonders Stubach- und Kaprunertal),
in denen hohe und steile Gesteinsstufen auftreten. Vergleicht
man von diesem Gesichtspunkt aus etwa Habach-[1]) und Untersulzbachtal oder Zillergründl[2]) und Floitental[3]) mit Kaprun-[4])

---

[1]) Abb. 13 u. 14 Seite 80 und 82. — [2]) Siehe das Bild Seite 441 in C. D i e n e r,
Bau und Bild der Ostalpen. — [3]) Siehe das Bild P.-B. S. 289. — [4]) Vgl. Abb. 6 Seite 46.

und Stubachtal (siehe auch die Längsprofile Tafel V), so möchte man meinen, daß recht verschiedene Ursachen an der Ausgestaltung dieser Extreme wirksam sein oder gewesen sein müßten, sofern nicht überhaupt die erste Anlage eine ganz andere war.

Die geologischen Verhältnisse resp. die petrographische Beschaffenheit sind geeignet, manches zu erklären. Die Trogform ist ausgeprägt, soweit die Täler im Zentralgneis verlaufen, in der Schieferhülle tritt sie zurück, sei es, daß sie typisch nicht vorhanden war oder daß sie sich weniger gut erhalten hat. Eine Betrachtung der Zentralgneiskerne der Hohen Tauern[1] wird dies im einzelnen belegen. Krimmler Achen-, Obersulzbach-, Untersulzbachtal verlaufen im Venediger Kern, das Habachtal bildet mit Eintritt in den Zentralgneis das Musterbeispiel des Taltrogs, Amer- und Ödbachtal durchfurchen den Granatspitzkern[2], die Quelltäler des Gasteiner Tals erstrecken sich im Zentralgneisstock des Ankogel-Hochalmmassivs. Im Stubachtal, dessen südliche Äste (Weißenbachtal und Ödenwinkel) dem Granatspitzkern angehören, ist der Trogcharakter vorhanden, die Ränder sind jedoch infolge der Talstufen weniger gut verfolgbar. Aber auch wo ihre fortlaufende Kante leicht erkennbar ist, wie in den meisten vorerwähnten Tälern, ist man bei messender Verfolgung an Ort und Stelle nicht selten in Verlegenheit, in welchem Niveau man sie gerade ansetzen soll, und zwar ist der Spielraum manchmal ein nicht unerheblicher zwischen beiden Talflanken und zwischen benachbarten Punkten an derselben Seite. Fehlen einer ausgesprochenen Felskante, infolgedessen mehr allmählicher Übergang der Schulter in die Wände, Zerlappung der Ränder durch Erosion erwecken Zweifel, Aus- und Einbuchtungen infolge verschiedenen Grades der Rückwitterung der Trogwände, welche talaus Gehängestücke in größerer Höhe hinterlassen kann als weiter talein, erfordern eine gewisse Auswahl, die von Willkür nicht frei ist. Nur ausnahmsweise ist es möglich zu behaupten, daß man sich gerade auf der Höhe des Trograndes oder Trogschlusses befindet; sicherer sind Bestimmungen von

---

[1] C. Diener, Bau und Bild der Ostalpen S. 439, 447 f.; Becke-Löwl, Exkursionen im westlichen und mittleren Abschnitt der Hohen Tauern VIII, S. 3 f. (Internationaler Geologenkongreß 1903).

[2] Vgl. auch J. Blaas, Geologische Karte der Tiroler und Vorarlberger Alpen.

der jeweils gegenüberliegenden Talflanke. Ein Spielraum von etwa ± 25 m und darüber wird dabei oft vorhanden sein. Auf den Alpenvereinskarten, welche die Taltröge teilweise sehr gut zur Darstellung bringen[1]), begegnet ein genaueres Verfolgen des Trograndes an zahlreichen Stellen großen Ungewißheiten, wenn nicht Beobachtungen an Ort und Stelle ergänzend eintreten. Trotz alledem kann die Einheitlichkeit der Erscheinung des Richterschen Trograndes keinem Zweifel unterliegen.

In der Tabelle II wurde nun versucht, an der Hand der Karten und Beobachtungen die Trogränder in den Quertälern zu verfolgen und womöglich zum Anschluß an die Gehänge- und Talbodenreste des Längstales zu bringen. Es seien zunächst die Furchen ohne höhere Talstufen (gemeint sind immer Gesteinsstufen, keine Schuttstufen) betrachtet. Sie zeigen, soweit sie annähernd gleiche Länge besitzen, annähernd gleiches Gefälle des Randes (Untersulzbach-, Habach-, Amer-, Ödbach- und Kötschachtal); aus dem Rahmen fällt das Anlauftal. Sehr geringes Gefälle weisen die langen östlichen Täler auf, es ist dabei auch zu beachten, daß in der Schieferhülle die Bestimmungen in den Ursprungsgebieten, wo die Randhöhen sonst in der Regel am besten erhalten sind, auf Unsicherheiten stoßen. Besonderes Interesse nimmt der Verlauf des Trograndes in den Furchen mit hohen Talstufen in Anspruch, indem der Nachweis seiner ungefähren Parallelität mit der heutigen Talsohle, wie er sich in den stufenlosen Tälern ausspricht, auf eine präglaziale Existenz der Stufen schließen ließe, sofern die Trogschultern als präglaziale Gehängereste[2]) augesprochen werden. Untersuchungen dieser Art führen zunächst auf zwei prinzipiell verschiedene Kategorien von Talstufen: solche, über welchen die Trogränder verlaufen — eigentliche Talstufen — und solche, welche durch halbkreisförmigen Zusammenschluß der Trogränder gebildet werden — Trogschlüsse. Die letzteren wurden bereits beschrieben und durch Beispiele belegt (S. 81 f.), die eigentlichen Talstufen und ihr Verhältnis zum Trograud sollen uns nunmehr beschäftigen.

---

[1]) Vgl. besonders die Alpenvereinskarten der zentralen Zillertaler und der Venediger Gruppe.

[2]) P.-B. S. 299.

Im Obersulzbachtal[1]) senkt sich der Trogrand von der Wimm-alm zur Hochalm auf eine Horizontalentfernung von etwa 3 km um 135$^o/_{oo}$, die durchschnittliche Neigung der heutigen Talsohle beläuft sich auf 150$^o/_{oo}$. Die Trogränder verlaufen in einem gegen den oberen (60$^o/_{oo}$) und unteren (45$^o/_{oo}$) Teil des Tals sehr steilem Gefälle über der Kampriesentalstufe, was beweisen dürfte, daß auch der alte Talboden, dessen Gehängerudimente die Ränder sind, hier eine erhebliche Unstetigkeit aufwies. Mit anderen Worten: die Kampriesenstufe ist vermutlich bereits präglazial angelegt. Im Felber Tal liegen die Verhältnisse wesentlich kompli-zierter. Man ist versucht, die ungeheure Stufe ob des Hintersees (Abb. 4, S. 32) nicht als Trogschluß zu fassen; denn ein Zusammen-schluß von Trogwänden läßt sich nicht klar konstatieren, ein solcher findet erst oberhalb des kleinen Naßfeldes statt, aber deren Verbindung mit Ansätzen einer Trogschulter in der Gegend unter-halb von Punkt 2742 der Alpenvereinskarte im Niveau von 1700 m, was einem Gefälle von 250$^o/_{oo}$ entspräche, ist gewagt; viel näher liegt' es, die unter Punkt 2742 talaus steil absinkenden Rudi-mente mit dem ca. 2000 m hoch gelegenen oberen Rand der großen Hinterseestufe zu verbinden. Man erhält damit ein Trog-randgefälle von etwa 200$^o/_{oo}$. Die eigentümlichen Schwierig-keiten, die sich im oberen Felbertal einer Verfolgung von Gehängeleisten und von Schliffgrenzen entgegenstellen, wurden in der Talbeschreibung berührt. Es liegt aber nahe, auch hier aus den spärlichen Anhaltspunkten auf eine voreiszeitliche Heraus-bildung des riesigen Talaufschwungs zu schließen. Im Kapruner-tal wird das präglaziale Vorhandensein wenigstens der Stufe unterhalb des Mooser Bodens (Gefälle der Ränder 185$^o/_{oo}$) wahr-scheinlich.

Es fehlt nicht an Erklärungen über die Enstehung der Tal-stufen in einzelnen der nördlichen Quertäler der Hohen Tauern und der Zillertalergründe. Peters[2]) und v. Sonklar[3]), für welche die Quertäler noch durch Spalten vorgezeichnet sind, halten die Gesteinsstufen, „sofern der Boden der Talspalte nicht ursprünglich

---

[1]) Vgl. hierzu, sowie für das Folgende die Längsprofile Taf. IV—VI sowie die Tabelle II, fürs Obersulzbachtal speziell II Nr. 2.

[2]) Die Geologischen Verhältnisse des Oberpinzgaues. Jahrb. d. K. K. Geo-logischen Reichsanstalt, Bd. 5, 1854.

[3]) Die Gebirgsgruppe der Hohen Tauern 1866.

gleich von höherem auf tieferes Niveau herabfiel" (v. Sonklar
l. c. S. 84) durch Gesteinsunterschiede bedingt[1]). Auf diesem
Standpunkt steht auch Supan[2]), der sich (l. c. S. 333 f., 376 f.,
394 f.) mit der Venediger Gruppe beschäftigt und deren Quertäler im Gegensatz zu den beiden vorher zitierten Autoren nachdrücklich als Erosionsfurchen bezeichnet. Spezieller behandelt
Löwl in seiner Abhandlung „Terrassenbau der Alpentäler"[3]) und
dem Werke „Über Talbildung"[4]) die Talstufen der Tauerntäler.
Er erkennt — immer Stufen in anstehendem Gestein vorausgesetzt
— verschiedene Ursachen als stufenbildend an: den stationären
Gletscher, dessen Zunge den Untergrund vor den Angriffen der
Atmosphärilien schützt, während die entströmenden Schmelzwasser erodieren ([3])S. 139) und harte Gesteinsriegel; die durch
letztere bedingten Stufen nennt er tektonische. Auf ersterem
Wege ist nach ihm z. B. die Stufe zwischen Böckstein und dem
Naßfeld im Gasteiner Tal entstanden, eine tektonische Stufe ist
der Absturz des Krimmler Achen- ins Salzachtal, wo der Gneis
der Venediger Masse vom Tonschiefer überlagert wird ([3])S. 135).
In besonderen Fällen geben gerade Einschlüsse von Gesteinen,
die der Erosion und Verwitterung geringeren Widerstand
leisten, Anlaß zur Talstufenbildung, z. B. des Grawander Schinders
im Zemmgrund ([3])S. 143 und [4])S. 83). Dieser liegt nach dem
erwähnten Autor an der Stelle, wo brüchige leicht erodierbare
Schiefer an Gneis grenzen. Die Schieferzone war nach ihm der
Schauplatz wiederholter Bergstürze, welche den oberen Talboden
der Erosion entrückten, zugleich aber durch Gefällssteigerung
die raschere Aushöhlung der unteren Talstrecke begünstigten
und so zur Entstehung einer Talstufe Anlaß gaben.

Eine allgemeine Erklärung für die Talstufen gibt Penck[5]).
Sie umfaßt die Entstehung von Trogschlüssen und Talstufen
im eigentlichen Sinn und gipfelt in den Sätzen: Stufen entstehen, wo sich Eismassen vereinigen, oberhalb der Vereinigungsstelle, wo sich Eismassen trennen, unterhalb der Trennungsstelle
(Konfluenz- und Diffluenzstufen). Die Stufen sind daher „in weit-

---

[1]) C. v. Sonklar, Allgemeine Orographie S. 129.
[2]) Studien über Talbildung etc., Mitt. d. K. K. Geograph. Ges. 1877, S. 348 ff.
[3]) Petermanns Mitteilungen 1882.
[4]) Prag 1884.
[5]) P.-B. S. 302, 303.

gehender Unabhängigkeit vom geologischen Bau des Landes". Sie sind nicht an bestimmte Gesteine geknüpft, aber auf den einen Gesteinen deutlicher ausgeprägt als auf den anderen. Wo aus glazialen Ursachen die Stufenbildung eintreten soll, entwickelt sie sich besonders auffällig, wenn Zentralgneis mit einem weicheren Gestein zusammentrifft. In Anwendung dieses Satzes wird (l. c. S. 308) die Mündungsstufe des Krimmler Achentals genannt und aus ihrer Höhe die Übertiefung bei Krimml auf über 4—500 m veranschlagt. Die beiden Stufen des Kaprunertales (l. c. S. 307) werden durch ruckweise Vergrößerung des Talgebietes erklärt infolge Einmündung des Wielinger- und Schmiedingerkeeses. Mündungsstufen von Seitentälern werden ebenfalls glazial erklärt. Sie sind in ihrer Vertiefung gegenüber dem Haupttal, in dem sich eine mächtigere Eismasse bewegte, zurückgeblieben. Die Höhe der Mündungsstufe bestimmt sich nach der Größe „der in ihnen gelegen gewesenen Eissströme" (l. c. S. 302).

Im Folgenden sollen die Tauerntäler vom Gesichtspunkt der berührten Hypothesen aus durchgegangen werden.

Das Krimmler Achental besitzt oberhalb der Einmündung seiner beiden Komponenten, des Windbach- und Rainbachtals, keine Stufen; das Tal ist allerdings aufgeschüttet; daß die Massen aber beträchtlichere Stufen verhüllen, ist nicht anzunehmen; denn oberhalb und unterhalb des Tauernhauses entragt Anstehendes dem Schuttmantel. Die Kampriesenstufe im Obersulzbachtal ist glazial kaum zu motivieren. Nach Löwl[1]) keilt sich zwischen Wimm- und Kampriesenalm ein 1700 m breiter Streifen von Tauernphylliten zwischen Granit ein und bildet „seltsamerweise eine steile 300 m hohe Stufe — ein Seitenstück zu dem unter denselben Umständen in weichen Schiefern entstandenen Grawander Schinder" im Zemmtal (vgl. S. 86). Das Untersulzbachtal weist an gleicher Stelle wie das Obersulzbachtal steileres Gefälle auf, das durch Bergstürze (siehe S. 19), die auf dem Gesteinswechsel beruhen, erklärt werden kann. Das Habachtal ist völlig frei von Talstufen anstehenden Gesteins, trotzdem es im Mittellauf eine ostnordöstlich vorspitzende Granitzunge[2]) quer durchschneidet, ebensowenig kommt der Übertritt des Amertals

---

[1]) Der Groß-Venediger, Jahrb. d. K. K. Geol. Reichsanstalt 44. Bd. 1894, S. 531.

[2]) Vgl. die geologische Karte von Blaas und die Karte im Exkursionsführer von Becke-Löwl.

aus dem Zentralkern in die Schieferhülle morphologisch zur
Geltung, im Ödbachtal fällt diese Grenze mit der Mündungsstufe
zusammen. Das Kaprunertal, das klassische Beispiel eines
Stufentales, verläuft gleich dem fast ohne größere Gefällsknicke
sich erstreckenden Fuschertal ganz in der Schieferhülle. Im
unteren Teil durchschneiden beide Einschlüsse von Triaskalken,
in ihre Zone fällt in ersterem Tal ein Riegel, den die Siegmund
Graf-Thun-Klamm durchsägt, in letzterem bedingen die Kalke
keine Gefällsunterbrechung. Das Fuschertal weist gleich seinem
westlichen Nachbarn „ruckweise Vergrößerungen seines Talgebietes"[1] auf, zahlreicher sogar als dieses, nämlich Walcher
Mulde, Weichselbachtal, Hirzbach- und gegenüber Sulzbachtal,
sowie Wachtbergtal. Die Walchermulde ist der Wielinger jenseits
des Fuscher Kammes als Nährgebiet mindestens ebenbürtig, und
Hirzbachtal und Sulzbachtal zusammen dem Schmiedinger Zufluß.
Gleichwohl bedingt keine der beiden Massenmehrungen eine
Konfluenzstufe, wie sie das verhältnismäßig kleine Nährgebiet
des Weichselbachtales in der Tat hervorruft. Diese Stufe als
durch den Zuwachs aus der Walcher Mulde mitbedingt anzusehen, ist nicht haltbar, da sie in diesem Falle weiter talein
gerückt sein müßte. Die Sohle des Fuschertals liegt allerdings
in der Gegend, wo nach Penck glaziale Stufung eintreten könnte,
ohne daß sie nachweisbar ist, so tief[2], daß eine Stufung von
den Ausmaßen des Kaprunertales gar nicht möglich wäre. Die
Zuflüsse aus den kleinen Seitentälern des Hüttwinkeltales,
deren bedeutendster der heutige Krumelbach ist, veranlassen
keine Stufe im Haupttal. Von den größeren Komponenten des
Gasteiner Tales folgt das Kötschachtal der Penckschen
Theorie und die Gasteiner Stufe ober dessen Einmündung genügt
„der Regel, daß die Stufenmündung eines Nebentales mit einer
Stufe des Haupttales verbunden ist, welche gewöhnlich etwas
talaufwärts gerückt ist". (Penck l. c. S. 302.) Beim Angertal,
das ober Hofgastein einmündet, trifft dies wieder nicht zu oder
ist wenigstens nicht feststellbar.

Es erübrigt die Besprechung des Hollersbach- und Stubachtales, deren Kompliziertheit ihre besondere Herausstellung recht-

---

[1] P.-B. S. 307.

[2] Vgl. als besonders instruktiv die beiden untereinander befindlichen Längsprofile des Fuscher- und Kaprunertales Tafel V.

fertigen wird, auch das Felbertal muß in diesem Zusammenhang nochmals berührt werden (vgl. S. 85). Es sei das Stubachtal vorweg genommen. Das Längsprofil Stubach-Weißenbachtal weist nicht weniger als 8 Talterrassen verschiedener Größe auf, die teilweise noch Seen enthalten und durch Stufen unterschiedlicher Höhe getrennt werden. Die Terrassierung der Talsohle oberhalb des Enzinger Bodens, der ein durch Bergsturz von der linken Seite aufgestauter und zugeschütteter ehemaliger Abdämmungssee ist, erklärt sich mit Ausnahme der obersten Verebnung, die anscheinend durch Wandrückwitterung entstanden ist, durch glaziale Auskolkung. Grünsee und Weißsee sind Felsbecken, der erstere vielleicht noch durch Bergsturz etwas angespannt. Die zwischen ihnen liegenden Terrassen sind fast völlig zugeschüttete Wassertümpel mit teilweise durchsägten Felsriegeln. Warum gerade hier in anscheinend gleichartigem Gestein diese selektive glaziale Auskolkung einsetzte, konnte nicht entschieden werden. Brückner[1]), der in den Schweizer Tälern zahlreiche durch ähnliche Riegel getrennte Becken kennt, nimmt „Differenzen in der Erosionskraft des Gletschers als Ursache an, die in der Längsrichtung auftraten und sei es durch Änderungen des Gefälles, sei es durch solche des Querschnittes, bedingt waren". Eine Erklärung für auswählende Gletschererosion in anscheinend einheitlichen Gesteinen gibt Salomon[2]). Er findet, daß im Adamellotonalit in dem Verhalten der Klüftbarkeitsebenen oft auf kurze Strecken große Unterschiede vorhanden sind und sieht in diesen „Differenzen der Klüftbarkeit und der Anordnung ihrer Ebenen in homogenem Gestein" die Ursachen, „welche die für die Stufen, Riegel- und Beckenbildung charakteristische Lokalisierung, die Selektion der Gletschererosion, hervorbringen". In geschichteten Gesteinen spielt die Stellung der Schichten zur Bewegungsrichtung des Eises wohl eine ähnliche Rolle[3]). Beobachtungen dieser oder jener Art wurden nicht angestellt. Für uns handelt es sich hier hauptsächlich um die hohen Stufen unterhalb des Enzinger Bodens und zwischen ihm und dem Tauernmoos. Die letztere fällt wieder mit dem Übergang des

---

[1]) P.-B. S. 621, 5. Abschnitt.

[2]) Die Adamellogruppe II. Teil, Abhandlungen der K. K. Geol. Reichsanstalt Wien, 21. Band, Heft 2, S. 471 f.

[3]) H. Heß, Die Gletscher S. 189.

Zentralgneises in die Schieferhülle zusammen, die erstere ist an
einen Serpentinriegel gebunden[1]). Bergstürze trugen, wie schon
angeführt, zur Bildung der Enzinger Terrasse bei. Aus dem
Abfall der Trogwände zwischen Grünsee und den Wiegenköpfen
mit rund $120\,^0/_{00}$ ergibt sich indirekt zum mindesten die präglaziale Anlage der viel höheren und steileren Stufe vom Tauernmoos zum Enzinger Boden.

Den meisten Talstufen des Stubachtals ist, wie wir sahen,
gemeinsam, daß sie auf ihrer Höhe einen mehr weniger ausgeprägten Riegel tragen, daß der Tritt ober den Stufen somit als
Becken zu fassen ist. Der Riegel kann ganz oder teilweise vom
Bach durchsägt sein. Von solchen Riegeln gekrönt sind ferner
die Kampriesenstufe im Obersulzbachtal nach Fuggers Auf-
fassung[2]), sämtliche Talstufen des Hollersbachtales, die Kapruner
und Gasteiner Felsstufen. Auf der Höhe von Trogschlüssen
knapp ober ihrem Abbruch zu Tal findet man teilweise noch
mit Wasser erfüllte Becken, so im linken Quellast des Hollersbachtales (Kratzenbergsee), im Felbertal (Plattsee), im Amertal
(Amersee), im Stubachtal (Weissee), im Palfnergraben (Palfnersee),
oder bereits zugeschüttete Becken, so im rechten Quellast des
Hollersbachtales (Weißenecker Alm), in Felbertal (Naßfeld),
im Dorfer Ödtal. Diese Becken sind wohl samt und sonders
durch glaziale Erosion entstanden, und warum sie gerade an
diesen Stellen liegen, erklärt sich durch eine gewisse Konvergenz
der Firnströme aus den Nährgebieten nach eben diesen Stellen[3]).
Es ist aber befremdlich, daß die Erosion in der Nähe des oberen
Randes der Stufe plötzlich nachläßt, indem sie eben den Riegel
stehen läßt, um dann zu einer Steigerung auszuholen, gegen
welche das knapp vorher geschaffene Becken meist in keinem
Verhältnis steht, was vertikale Ausmaße betrifft. Die Exaration
der relativ kleinen und seichten Becken wird man der Kon-
vergenzwirkung ohne weiteres zutrauen dürfen, wenn man sich
auch über den Vorgang selbst noch wenig Rechenschaft geben
kann, die Schaffung des darunter folgenden häufig ungemein
hohen Trogschlusses aber kann m. E. durch die summierte Wirkung der relativ dünnen Firnstränge nicht erklärt werden:

---

[1]) F. Löwl, Petermanns Mitt. 1882, S. 135.
[2]) Mitt. d. Ges. f. Salzb. Landeskde. 1895, S. 208.
[3]) Vgl. auch H. Heß, Die Gletscher, S. 188/189.

Das Felbertal gab in erster Linie Anlaß, an der glazialen Entstehung der Trogschlüsse im Penckschen Sinne zu zweifeln; es fehlt im engen oberen Felbertal an den nach bestimmter Richtung (eben gegen den heutigen Trogschluß zu) konvergierenden Eissträngen, durch deren summierte Erosionskraft die Übertiefung nach Penck plötzlich einsetzt[1]), es fehlt jedes namhaftere Einzugsgebiet. Was allenfalls von Süden herüberkam, dürfte kaum nennenswert ins Gewicht fallen, dabei ist die Stufe mit 6—700 m die höchste der Tauerntäler.

Wenden wir uns zum Hollersbachtal, das mit dem Felbertal insofern zusammengehört, als in beiden übereinanderliegende Trogschlüsse auftreten und damit zur Frage des Ursprunges des Taltroges überhaupt. Penck[2]) erkennt auf der Aegerterschen Karte der Ankogel-Hochalmspitzgruppe übereinanderliegende Trogschlüsse und deutet an, daß jede einzelne der vier Eiszeiten ihre Spuren in Aufwärtsrücken des Troges hinterlassen haben könnte. Im Hollersbach- und Felbertal haben wir es mit zwei, bezw. drei Trogschlüssen zu tun, in der überwiegenden Mehrzahl von Fällen aber mit einem. Auch in den Fällen, wo in den von mir besuchten Tälern zwei oder drei Trogschlüsse vorhanden sind, läßt sich nur ein Trogrand und zwar der sich im tiefstgelegenen Trogschluß zusammenschließende talaus bis ins Haupttal verfolgen, die Ränder der höher gelegenen verlieren sich nach ganz kurzem Verlauf. Würden sich mehrere übereinander befindliche verfolgen lassen, so läge das von Heim[3]) im Reußtale erkannte und auf periodische Belebung der rückschreitenden Erosion zurückgeführte System vor, das Bodmer[4]) (kartographisch) in vielen Tälern der Schweiz wieder zu finden glaubte. Von solchen übereinanderliegenden Längsleisten ist in den Tauernquertälern nichts zu beobachten. Die ganz vereinzelten Fälle von lokalen Anzeichen „hochgelegener Gehängereste", welche in den Talbeschreibungen beim Amer-, Kapruner- und Ferleitental erwähnt werden und in der Tabelle II aufgeführt sind, werden weit ungezwungener als zufällige Verwitterungs- und

---

¹) P.-B. S. 303.

²) Mitt. d. D. u. Ö. A.-V. 1909, S. 274.

³) Über die Erosion im Gebiete der Reuß, Jahrb. d. Schweiz. Alpenklubs 1879.

⁴) Terrassen und Talstufen der Schweiz, Vierteljahrsschr. d. naturforschenden Ges. Zürich, 25. Jahrg. 1880, 4. Heft.

Denudationsprodukte gedeutet. Zuweilen unter dem Richter-schen Trogrande in der Nähe der heutigen Gletscher bemerkte fortlaufende Gefällsknicke dürften meist auf Untergrabungen rezenter Hochstände zurückzuführen sein.

Wer die nördlichen Tauernquertäler und die Gründe des Zillertals durchwandert, und von ihren Gletschergebieten rück-schauend die Talfluchten mustert, wird die Vorstellung als eine unnatürliche abweisen, daß aus den heutigen Firngebieten heraus-wachsende Eisströme, die die Täler bis zu der Schliffgrenze füllten, den schmalen Trog geschaffen haben. Man erwartet einen bis zur Schliffgrenze heranreichenden, die ganze Talbreite aus-füllenden Trog. Von dieser Erwägung aus gelangte schon Heß[1]) zu seiner Ansicht von den vier ineinandergeschalteten, nach unten immer schmäler werdenden Trögen. Der Einwand, daß der Gletscher im Stromstrich bei größter Mächtigkeit und Ge-schwindigkeit mehr nach der Tiefe erodiere, in seinen randlichen Partien aber nur abschleifend wirke, erklärt die plötzliche Ände-rung des Erosionsbetrages am Trogrand kaum genügend; wenn auch an einem rezenten Gletscher durch Tiefbohrungen das Vorhandensein eines flachen Troges im zentralen Teil nachge-wiesen ist[2]), so ist es fraglich, ob der Befund verallgemeinert, speziell ob er auf die diluvialen Gletscher ausgedehnt werden darf. An den Gletschern der nördlichen Tauernquertäler konnten nur in Untersulzbach Beobachtungen beigebracht werden, die der Ausarbeitung eines Troges durch den heutigen Gletscher das Wort reden könnten[3]). Der weitere Einwand, daß die eiszeit-lichen Gletscher nur nicht lange genug an der Arbeit waren, um die ganze Talbreite trogförmig auszugestalten, ist akademischer Natur. Das „Rätsel des Taltroges" ist neben der Entstehung der Talstufen einer von den Punkten, in dem sich die Beobach-tungen im Tauerngebiet dem System der glazial-morphologischen Forschungen von Penck und Brückner nicht einreihen wollen.

Aus der Betrachtung eines relativ kleinen Gebietes heraus lassen sich zwar schwerlich Hypothesen aufstellen, trotzdem

---

[1]) Die Gletscher S. 363 f.

[2]) Zeitschr. f. Gletscherkde. 4. Bd., S. 70.

[3]) Doch hat auch die Erklärung Berechtigung, welche die niedrigen Steil-wände als Untergrabung eines Gletscherstandes faßt, der den heutigen nur wenig übertraf.

mögen Andeutungen, die eventuell zu einer Klärung beitragen
können, versucht sein.   Der Gedanke, den Trogschluß als End-
punkt rückschreitender Wassererosion zu fassen, bevor die große
Vereisung eintrat, hat viel für sich.   Die „große Breite des oft
mauerartigen Abfalls" [1], welche nach B r ü c k n e r mit Recht gegen
fluviatile Entstehung spricht, kann durch die nachfolgende ver-
breiternde Eiswirkung gebildet sein.   Die Trogschlüsse liegen
— gemeint ist vorerst, auch wo mehrere anzunehmen sind, stets
der untere — überall so ziemlich an der gleichen Stelle der
Täler und in wenig verschiedener Höhe [2].   Bis zu ihnen reicht
die Zertalung, oberhalb ist der Gebirgskörper massig und unzer-
schnitten; auch wo er heute eisfrei ist, hat Wassererosion noch
wenig Fortschritte erzielt, die Gebiete tragen in typischer Weise
die Oberflächengestaltung, wie sie Eis schafft, zur Schau, aber
nicht Eis, das als Strom in die Breite und Tiefe erodiert, sondern
als Decke flächenhaft scheuert.   Dies führt zu der Annahme, daß
die Gebiete oberhalb der jetzigen Trogschlüsse, nachdem sie in
entsprechendes Niveau gehoben waren, niemals längerer Ein-
wirkung des fließenden Wassers unterlagen, sondern schon vor
Eintritt der großen Vereisung bei geringen Oszillationen der Vergletscherung lange Zeit hindurch verfirnt waren.   Die relativ
dünnen Firnlager auf wenig geneigten Flächen scheuerten den
Untergrund ab, schützten ihn aber vor Tiefenerosion, die Schmelzwasser, die ungefähr am Rand des heute vorhandenen Taltroges
wirksam wurden, erodierten [3].   Es kam durch rückschreitende
Wassererosion eine Talrinne zustande, welche die nachfolgenden
eiszeitlichen Gletscher zum flachen Trog ausgestalteten, die

[1] P.-B. S. 623.

[2] Etwas über 2100 ist die mittlere Höhe der sichergestellten Vorkommnisse in den Hohen Tauern und im Zillertal.   Erheblich darunter bleibt mit
1800 m allein der Talschluß über dem Ofner Boden im Hollersbachtal.   Da auch
das Terrain über ihm die sonst über Trogschlüssen allgemein auftretende glaziale
Gestaltung zurücktreten läßt, so befindet er sich in einer Ausnahmestellung, doch
fällt es schwer, an dem Charakter des Talaufschwungs als Trogschluß zu zweifeln.

[3] Die Schmelzwasser arbeiteten auch der allmählichen Vertiefung der Talrinne folgend, an der Zerschneidung der damaligen Seitengehänge.   Daraus erklärt
sich die weitgehende Zerstückung des heutigen Trograuds, deren Motivierung
durch postglaziale und rezente Wassererosion allein schwierig ist, indem dieser
stellenweise sehr große Wirkungen zugeschrieben werden müßten.   Das Zurück-
bleiben kleiner seitlicher Gerinne gegenüber dem relativ sehr wasserreichen Haupttal i. e. die Stufenmündungen von Seitentälern werden ebenfalls verständlich.

Schmelzwässer der schwindenden Vereisung vertieften. Die
Stadialgletscher der ausklingenden Eiszeit und postglaziale Hochstände, die den Trog nicht mehr füllten, schufen dann durch Unterschneidung der Flanken und nachfolgende Bergstürze die steilen
Trogwände, wie sie seither oft nur wenig verändert in vielen
Tauerntälern charakteristisch sind. Mit der voreiszeitlichen Bildung der später zum Trog ausgestalteten Talrinne hebt natürlich
auch in hochgelegenen seitlichen Quelltrichtern der Prozeß der
Karbildung an.

Es ist in hohem Maße auffallend, daß typische Trogschlüsse[1]
nur in Tälern mit relativ niedrigem oder wenig umfang-
reichem Einzugsgebiet bestimmt nachweisbar sind[2], in
solchen mit hochgelegenen und ausgedehnten Firnmulden
können sie unter Eisbedeckung vermutet werden (Krimmler Achen-,
Obersulzbach-, Untersulzbach-, Kaprunertal), oder sie sind kaum
kenntlich (Ferleiten-, Hüttwinkeltal), oder überhaupt nicht vorhanden (Ödenwinkel und Hirzbachtal) (vgl. Abb. 8 S. 55). Diese
vergleichende Wahrnehmung stützt die eben geäußerte Ansicht
über die Trogentstehung; denn wo die zusammenhängende „präglaziale" Firnbedeckung hohe und weite Reviere einnahm, da
gingen natürlich Gletscherlappen und -ströme weit herab und
verwischten schon damals mehr in die Breite und Tiefe erodierend
die scharfe Grenze zwischen firnbedecktem und firnfreiem Areal,

---

[1] Zusammenstellung „unterer" Trogschlüsse:

Tal	Trogschlußhöhe m	Bemerkung
Windbachtal	2300	wenig ausgeprägt
Rainbachtal	2350	
Hollersbachtal	1800?	siehe S. 93 Anm. 2)
Habachtal	2300	
Amertal	2250	
Felbertal	2000?	
Ödbachtal	2100	
Stubachtal (Weißenbach)	2100	
Mühlbachtal	2100	
Seitenwinkeltal	2060	
Siglitztal	2200	
Bockharttal	ca. 2150	wenig ausgeprägt
Kötschachtal (Tischlerkarast)	2050	siehe S. 95 Anm. 2)
Palfnergraben	2000	

[2] Eine Ausnahme bildet nur das Weissental (Gastein) siehe Tafel VI.

deren langes Bestehen, wie oben (S. 93) ausgeführt, den morphologischen Gegensatze zwischen zertalten und unzerschnittenem Gebirgskörper schuf. Wo heute Eisströme über den Trogschluß herabhängen, da zerstören sie ihn augenscheinlich, wie schon Richter[1])
hervorhob, wo damals Eisströme weit unter die Schneegrenze
herabreichten, da kam es ·zu keiner oder zu keiner scharfen
Herausbildung des morphologischen Gegensatzes zwischen Arealen,
die lange von flächenhafter Eisbedeckung konserviert und
solchen, die ebensolange fluviatiler Erosion angesetzt waren. Der
Talgletscher spielte hier eine zwischen beiden Extremen ver-
mittelnde Rolle.

Auf übereinanderliegende Trogschlüsse wurde ich erst bei
der zweitmaligen Begehung der Quelläste des Hollersbachtales
im Oktober 1909 aufmerksam und fand solche wiederum im
Felbertal. Herbst 1908, als ich die Gründe des Zillertales bereiste,
hatte ich noch kein Augenmerk auf diese Erscheinung. Dennoch
glaube ich aussprechen zu dürfen, daß sie sich vom Pfitscher Joch
bis zum Ankogel, ausgenommen vielleicht das Zemmtal, nur in den
zwei erwähnten Tälern und möglicherweise[2]) im Kötschachtal findet.
Sie· bildet eine Ausnahme. Im Hollersbach liegt ein unterer Trogschluß in etwas über 1800 m, (s. S. 93 Anm. 2) zwei obere im Weißeneck und Kratzenberg, bezw. in 2350 und 2400 m, im Felbertal
liegen sie in knapp 2000, 2200, 2500 m übereinander, im Kötschachtal in 2050 m unter dem Tischlerkar, in 2300 m im Kesseltal.
Die oberen sind im Hollersbach- und Felbertal weit weniger
hoch und auch sonst ungleich schwächer ausgeprägt. Aus so
vereinzelten Vorkommen läßt sich nicht viel folgern. In Gemäß-
heit der oben versuchten Erklärung der unteren Trogschlüsse

---

[1]) Ergänz.-Heft Nr. 132 zu Petermanns Mitt. S. 53.

[2]) Die Konstruktion der alten Talböden aus den Trogrändern im Kessel-
und Kötschachtal führt auf eine Niveaudifferenz der beiden von beiläufig
100 m, so daß es bei der Unsicherheit der Methode nicht ausgeschlossen ist,
daß sie überhaupt zusammenfielen und die Trogränder unterhalb des Tischlerkares, sowie die des Kesseltals Gehängereste eines und desselben Talbodens sind.
Das Herabrücken des Tischlerkar-Trogschlusses (2050 m) im Vergleich zur analogen Formgattung im Kesseltal (2300 m) würde sich im Sinne der oben ge-
gebenen Genesis der Trogschlüsse dann dahin erklären lassen, daß in dem weiten
nordexponierten Tischlerkar die zusammenhängende „präglaziale“ Firndecke weiter
herabreichte als in dem bescheidenen, offen gelegenen und nach der warmen
Abendseite (Westnordwest) schauenden Sammelgebiet des Kesseltals.

könnte man voreiszeitliche Etappen des Herabrückens der zusammenhängenden Firndecke analog dem etappenweisen Rückzug der Vergletscherung annehmen. Nur in drei heutzutage ganz
oder nahezu eisfreien Tälern mit relativ kleinem und niedrigem
Einzugsgebiet wurden übereinander befindliche Trogschlüsse
erkannt. Bei ihrer verhältnismäßigen Geringfügigkeit können
höher gelegene in anderen Tälern, über welchen sich ein
hohes und daher rezent verfirntes Einzugsgebiet weitet, unter
heutigen Gletschern begraben liegen, ohne daß deren Oberflächen sie besonders andeuten; sie können auch als sehr alte
Bildungen unkenntlich, wie es der Weißenecker nahezu ist, oder
ganz verschwunden sein. Der Gesteinsbeschaffenheit, welche zuweilen den mächtigsten und jüngsten Trogschluß schlecht konservierte, mag hierbei eine wichtige Rolle zufallen. In Tälern,
welche entsprechend exponierte, genügend hohe und geräumige
Einzugsgebiete besitzen, um Eisströme weit unter die Schneegrenze herabgelangen zu lassen, ist die Ausbildung typischer
Trogschlüsse überhaupt nicht anzunehmen (vgl. Seite 94).

Im folgenden soll nunmehr an der Hand der Tabelle II der Anschluß der Trogränder der Quertäler an die Gehängereste des Salzachtales gegeben werden. Die Ränder des Längstales und der
Quertäler sind im allgemeinen auch dann nicht ohne weiteres
ineinander überzuführen, wenn keine hohen Mündungsstufen wie
z. B. beim Krimmler Achental die Stetigkeit des Randgefälles
stören; ebensowenig korrespondieren im allgemeinen die Ränder b e
n a c h b a r t e r [1]) Quertäler an e n t s p r e c h e n d e n Stellen der Höhenlage nach [2]), auch wenn keine hohen Talstufen störend eingreifen;

[1]) Es lassen sich nur b e n a c h b a r t e Täler in dieser Art vergleichen, bei
weiter auseinander gelegenen Furchen werden diese Verhältnisse verwischt durch
E r n i e d r i g u n g d e r Q u e r t a l m ü n d u n g e n v o n W e s t n a c h O s t, an welcher
die alten höher gelegenen Täler, wie sich eben in den Niveaus der Gehängereste
kundgibt, ebenfalls schon teilgenommen haben.

[2]) Als Beispiele seien angeführt:

Tal	Höhe des Randes an ungefähr entsprechenden Stellen
Obersulzbachtal (breit)	1500 m bei der Hochalm
Untersulzbachtal (eng)	1600 m beim alten Cu-Bergwerk
Habachtal (eng)	1600 m beim Gamskar
Hollersbachtal (breit)	1400 m beim Schargraben.

denn im schmalen Quertal, wo die Trogschulter auf eine Leiste zusammenschrumpfen muß, um einem etwa gleich breiten[1]) Trog Raum gewähren zu können, werden die Ränder höher liegen als an entsprechenden Stellen im benachbarten weniger engen, in diesem wieder höher als im Längstal, in ihm wird man es öfters trotz der großen Breite der Haupttalsohle mit alten Talbodenresten, nicht mit Gehängeresten zu tun haben. (Vgl. Figur 2.) Man wird im allgemeinen je nach der größeren Talbreite die beobachtete Trograndhöhe vermehren müssen, um sie mit korrespondierenden Stellen der in engeren Furchen festgestellten in Verbindung setzen zu können oder die der letzteren vermindern. Trotzdem somit im weiten Salzachtal öfter relativ tiefer gelegene Gehängestücke beobachtet sind als in den Quertälern, ja zuweilen Talbodenstücke, wurde in der Tabelle II doch der Kürze wegen auch fürs Salzachtal die Rubrik „Trogrand" beibehalten.

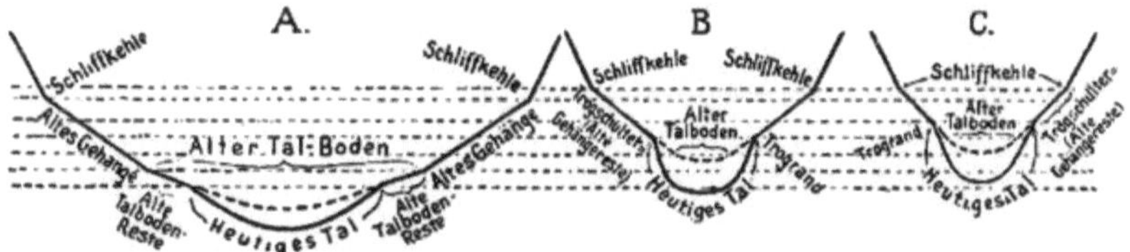

Figur 2. **A.** Schematischer Querschnitt durchs Längstal. **B.** durch ein breites Quertal. **C.** durch ein schmales Quertal.

Läßt man an der Hand der Tabelle II die am weitesten talaus beobachteten Ränder in den Quertälern und die nächstbenachbarten Reste im Salzachtal nach Maßgabe der vorausgeschickten Reduktion[2]) ihrer Höhenzahlen Revue passieren, so

---

[1]) Über die ziemlich übereinstimmende Breite der Tröge in der Venediger Gruppe vgl. die Alpenvereinskarte, auf welcher nur der Trog des hintersten Habachtales schmal im Vergleich zu den übrigen erscheint.

[2]) So wird z. B. beim breiten Krimmler Achental der am weitesten talaus beobachtete Trogrand mit einem hochgelegenen Gehängerest im Salzachtal in Verbindung gesetzt, die Gefällszahl von 55°/₀₀ wird also nur geringer Reduktion bedürfen. Für das Obersulzbachtal gelten die gleichen Erwägungen. Beim ungemein engen Untersulzbachtal werden relativ hochgelegene Gehängereste mit relativ tief gelegenen im Salzachtal verglichen, es ist eine erhebliche Verminderung von 120°/₀₀ am Platz, um auf die Gefällszahl des Verbindungsstückes entsprechender Gehängestücke in beiden Tälern schließen zu können. Im Rauriser-, Hüttwinkel- und Gasteinertal werden Gehängereste in den erhalten gebliebenen alten Talboden bei Taxenbach übergeführt, die Gefällszahlen von 65 resp. 40°/₀₀ sind zu groß u. s. w.

stellt sich allenthalben ein halbwegs befriedigender Anschluß her, so daß die Zugehörigkeit der Reste des Haupttales und der Nebentäler zu einem Talboden gesichert erscheint. Niveau und Gefällsverhältnisse dieses alten Talbodens zu ergründen, lag in Absicht dieser Arbeit.

Der Augenschein fordert und das Auge ergänzt leicht das Tal, indem es das geringere Gefälle über dem Trogrand auf beiden Talflanken nach abwärts fortsetzt und die Verschneidung der ideellen Linien sucht. Dieser Operation aber zeichnerisch nachzufolgen, ist nur in beschränktem Maße möglich. Die Schwierigkeiten, die sich genauerer Verfolgung von Trograndhöhen entgegenstellen, häufen sich hier, öfter lassen an entscheidenden Stellen die Isohypsen im Stich, meist kommt auf den Karten nur an einer Gehängeseite Schulter und Trogrand genügend zur Ausprägung; eine nicht zu unterschätzende Erschwerung liegt auch darin, daß keine Spezialkarten einheitlichen Maßstabes und genügend geringer Äquidistanz der Höhenschichtenlinien für das ganze Gebiet vorliegen.

Wenn trotzdem die Ergebnisse dieser unsichern Konstruktionen, soweit sie sich überhaupt ausführen ließen, mitgeteilt werden (vgl. Tabelle III), so ermutigt dazu eine bemerkenswerte Übereinstimmung der Resultate, die im Hinblick auf die erwähnten störenden Einflüsse um so beachtenswerter ist. Es kann aber nicht nachdrücklich genug betont werden, daß bei aller Unvoreingenommenheit dem persönlichen Ermessen erheblicher Spielraum eingeräumt ist und daß die Ergebnisse daher nur ganz näherungsweise sein können. Eine Einengung durch häufige Konstruktion an benachbarten Stellen erlaubte das Kartenmaterial nur in wenigen Ausnahmefällen.

Die oben bereits angedeutete Methode[1]) besteht darin, daß man die sanftere Abdachung der Trogschalter von beiden Seiten her über den Trogra023nd hinaus mit abnehmender Neigung nach abwärts fortsetzt, so daß der Querschnitt eine Kettenlinie darstellt. (Vgl. die schematische Fig. 2 S. 97). Der Abstand ihres tiefsten Punktes von der heutigen Talsohle gibt, sofern diese nicht aufgeschüttet ist,

---

[1]) Vgl. dazu P.-B S. 145 Profil II u. Erläuterung dazu. Es sei darauf hingewiesen, daß die „Absätze" i c. in den Tauerntälern die Trogschultern ganz unvergleichlich ausgeprägter entwickelt sind, als im angeführten Beispiel des Unterinntals.

den Betrag der sogen. Übertiefung. In Fällen, wo die Zeichnung nur von einer Talseite her ausgeführt werden konnte — und dies sind leider die zahlreicheren — führt man die durchhängende Linie bis etwa über die Mitte der heutigen Talsohle. Ein zweites Verfahren besteht darin, daß man die Stufenmündungen von Seitentälern benützt: Verlängert man das derzeitige Gefälle ihres Talbodens oberhalb der Stufe über diese hinaus bis zur Mitte des Haupttals, so bietet der Abstand des Endpunktes dieser Linie von der heutigen Talsohle wiederum eine Annäherung an das Niveau der früheren Sohle des Haupttals. Man hat sich dabei aber zu fragen, ob die Sohle des Nebentals in der Zeit, in welcher das Haupttal relativ zu ihm so tief ausgehöhlt wurde, nicht ebenfalls namhaft tiefer gelegt wurde, und im Fall Anzeichen dafür vorhanden sind, den Betrag der Übertiefung vorher zu bestimmen; da letzteres in unserem Gebiet häufig nicht gelingt, öfters auch das Verhältnis von Haupt- und Nebental, wie bei Besprechung der Talstufen (S. 87 f.) im einzelnen auseinandergesetzt wurde, der Voraussetzung der Methode nicht entspricht, erwies sich diese als weit weniger fruchtbar, doch blieb sie, wo beide Verfahren in ihren Ergebnissen sich gegenseitig kontrollierend anwendbar waren, in guter Übereinstimmung mit denen der ersteren. Im allgemeinen ist die Methode der seitlichen Hängetäler sekundärer Natur; denn welche von ihnen geeignet sind, ergibt sich erst aus dem Vergleich mit den Trogrändern.

Verbindet man nun die auf die eine oder andere Art erhaltenen Punkte sinngemäß miteinander, so erhält man ein angenähertes Längsprofil des alten Talbodens in den Quertälern. Eine Verlängerung der Gefällslinie ihres Unterlaufes bis ungefähr über die Mitte des heutigen Salzachtales ermittelt den früheren Talboden in diesem. Kontrolliert wird das Niveau des Haupttalbodens durch Kettenlinienzeichnungen mit Hilfe der in ihm vorhandenen Trogränder[1]), durch Stufenmündungen der aus den Kitzbühler Alpen kommenden Seitentäler, endlich durch den noch vorhandenen alten Talboden bei Taxenbach.

Die Punkte, an welchen der alte Talboden rekonstruiert werden konnte, ließen sich nicht aussuchen; es mußte der Querschnitt eben gelegt werden, wo die vorhandenen Karten eine

---

[1]) Vgl. dazu Seite 97.

solche Zeichnung zuließen oder wo ein g e e i g n e t e s Seitental
einmündete. Eine solche von äußeren Zufälligkeiten bedingte
Auswahl der Elemente des Längsprofils durfte in Tälern mit
hohen Talstufen nicht ohne weiteres verbunden werden. Das
hätte zu ganz falschen Vorstellungen geführt. Schon die Verfolgung der Trogränder hatte die präglaziale Existenz hoher Talstufen in den Bereich der Wahrscheinlichkeit gerückt, es mußte
daher besondere Aufmerksamkeit auf den Verlauf des alten Talbodens oberhalb und unterhalb solcher gerichtet werden. Gelang es nun nicht an diesen Stellen Punkte des alten Talbodens
zu finden, so durften vom Gefällsbruch talauf und talab w e i t
e n t f e r n t e Punkte über ihn hinweg nicht verbunden werden;
denn es wäre dadurch ein möglicherweise bereits präglazial vorhandener Gefällsbruch verschleiert worden. Auch in der Gegend
von Trogschlüssen, oberhalb welcher in bezug auf die Höhenlage
nur wenig verändertes präglaziales Gebiet beginnt, hat aus dem
gleichen Grund das Längsprofil nur dann Sinn, wenn es gelang,
unterhalb des Trogschlusses oder wenigstens in m ä ß i g e r Entfernung von ihm einen Punkt der alten Sohle zu finden. Im
folgenden soll der Verlauf des früheren Bodens in einigen Tälern
besprochen (vgl. dazu Tabelle III) und Folgerungen daran geknüpft werden.

Im K r i m m l e r A c h e n t a l dürfte die Annahme des alten Bodens
zwischen Windbach- und Rainbachtal mit 1800 m, knapp oberhalb des Absturzes der Krimmler Fälle mit 1600 m eine gute
Annäherung bilden, man hat also auf dieser Strecke ein Gefälle
von wenig mehr als $20^0/_{00}$. Bei Wald im Salzachtal kommt das
Niveau des alten Bodens keinesfalls höher als 1100 m zu liegen;
$70^0/_{00}$ ist somit seine Neigung von den Krimmler Fällen bis
Wald, unterhalb Wald haben wir ein ganz minimales Durchschnittsgefälle, etwa $7^0/_{00}$. Die präglaziale Anlage der Mündungsstufe des Krimmler Achentals im Salzachtal dürfte damit erwiesen sein. Bei ihrer Bildung haben tektonische Vorgänge[1]
eine Rolle gespielt. Die Übertiefung des Krimmler Beckens
(heutige Talsohle rund 1000 m) im Vergleich zum Krimmler
Achental (heutige Sohle 1460 m) beträgt 460 m[2]. Die Zahl ist

---

[1] C. D i e n e r, Bau und Bild der Ostalpen etc. S. 112 f des S.-A.

[2] Vgl. auch P.-B. S. 308, wo für die Übertiefung „über 400—500 m"
angenommen wird.

als Übertiefungsbetrag, der wesentlich durch Eiserosion zustande gekommen sein soll[1]), ein Mindestwert; denn das Krimmler Becken ist aufgeschüttet, während das Achental, wie wir gesehen haben, selbst erheblich übertieft ist, sie ist um so unwahrscheinlicher, als diese exorbitante sprunghafte Wirkung allein dem Zusammenfluß von Krimmler Achengletscher mit dem Zweig über den Gerlospass herüber zugemutet wird, wobei noch nicht einmal sicher ist, ob nicht Eis über den Paß hinüber- statt herüberfloß.

Im Obersulzbachtal kommt man bei der Filzwaldalm auf ein Niveau von 1950 m. Faßt man den Aufschwung der Türkischen Zeltstadt als Trogschluß[2]) und nimmt dort etwa 50 m Eismächtigkeit an, so ergibt sich ein Gefälle von $133^0/_{00}$ zwischen diesen beiden Punkten. Bei der Wimmalm ist der alte Boden kaum niedriger als 17—1600 m zu suchen, was einem Gefälle von $66^0/_{00}$ zwischen der Filzwald- und Wimmalm gleichkommt. Gegen den Aufschwung der Türkischen Zeltstadt hin erfuhr also schon der alte Talboden eine erhebliche Gefällssteigerung, die ober dem Trogschluß wieder abnimmt. Unterhalb der Wimmalm, d. h. unterhalb der großen Kampriesentalstufe, konnte kein Näherungswert für den alten Talboden gefunden werden; daß er die Stufe aber abbildete, wurde bereits durch das zwischen Wimm- und Hochalm auf $135^0/_{00}$ (gegen $45^0/_{00}$ unterhalb und $65^0/_{00}$ oberhalb, vgl. S. 18, 85 und Tabelle II, 2) gesteigerte Trograndgefälle wahrscheinlich gemacht.

Auch im Habachtal zeigt sich oberhalb der Kleinen Weitalm ein Gefälle von $180^0/_{00}$ bis zum Trogschluß hinauf, unter ihr $80^0/_{00}$ bis zum Salzachtal hinaus. Die Fortsetzung des Absinkens zwischen Kleiner Weitalm und Krameralm führt auf einen Talboden von 1100 m im Salzachtal, was mit dem auf anderem Wege gewonnenen Wert von 1000 m in Anbetracht der Unvollkommenheit der Methoden harmoniert. Die gleichen Verhältnisse zeigt das Hollersbachtal vom Trogschluß (vgl. S. 93 Anm. [2]) am Ofner Boden ab, nur etwas abgeschwächt infolge der ungünstigeren Punktauswahl. Das gleichsinnig verlängerte Profil 1450 m bis 1300 m führt in sehr guter Annäherung auf 1050 m im Salzachtal. Die gleiche Kontrolle stimmt fürs Stubachtal: die Verbindung 1250 m bis 1100 m führt auf 1050 m im Salzachtal, fürs Rauriser-Hüttwinkel-

---

[1]) P.-B. S. 149, 249.
[2]) P.-B. S. 307.

tal: 1350 m (Krumelbach) führt über 1200 m (Vorsterbach) auf 950 m im Salzachtal, fürs Gasteiner Tal: 1150 m (Kötschachtalmündung) leitet über 1050 m (Dorf Gastein) verlängert auf 950 m des alten Bodens im Salzachtal. Im Kötschachtal führt die Verbindung der beiden nach der Trograndmethode gewonnenen Punkte der alten Talsohle: 1300 m beim Reedbach, 1200 m oberhalb der Talmündung auf 1150 m im Gasteiner Tal gegen 1100 m unterhalb der Kötschachtalmündung, welcher Wert durch Querprofilzeichnung daselbst gewonnen wurde.

Im Amertal kommt trotz der großen Entfernung der Vergleichspunkte (5,5 km) der Aufschwung zum Trogschluß mit $120^0/_{00}$ (unterhalb der Taimer Alm knapp $50^0/_{00}$) sehr markant zur Geltung; im Kaprunertal hat man an der Kesselfallstufe $130^0/_{00}$ Gefälle der früheren Sohle gegen $30^0/_{00}$ unterhalb, ebenso macht der alte Talboden Gefällsbrüche in den übrigen Tälern mit, wie die Tabelle III ausweist, besonders auffallend bildet er die Gasteiner Stufe ab ($100^0/_{00}$), während oberhalb ein Gefälle von $25^0/_{00}$, unterhalb ein solches von $10^0/_{00}$ sich ergab.

C. Kare[1]), Stadien.

Über die Karbildungen des Gebietes wurden bei den einzelnen Talbeschreibungen Beobachtungen eingeflochten. Es wurde die Bezeichnung „Kar" auf solche Gehängemulden beschränkt, die neben namhafter Wandumrahmung auch Ausprägung oder wenigstens Andeutung eines mehr minder ebenen Bodens zur Schau tragen. Steile Trichter[2]), die wegen zu geringer Breite des Gebirgskörpers, in den sie eingeschnitten sind[3]), sich zu Karen nicht entwickeln konnten oder breite offene Terrassenflächen, die durch völliges oder teilweises Fallen der Karzwischenwände entstanden sind, wurden nicht als Kare bezeichnet. Als fortgeschrittene Entwicklungsstadien der Kare knüpfen sich aber

---

[1]) Vgl. auch S. 49 f., S. 74 f.

[2]) Für sie lehnt schon A. v. Böhm („Die alten Gletscher der Enns und Steyr" S. 100 Anm. 1) die Bezeichnung Kar ab.

[3]) E. Richter, Ergänzungsheft Nr. 32 zu Petermanns Mitt. S. 23 24. Hier gibt der Verfasser u. a. eine Zusammenstellung über Vorhandensein oder Fehlen von Seitenkaren in den Tauerntälern und findet, „daß der Neigungswinkel eines Gehänges 31° nicht überschreiten darf, wenn sich Kare sollen bilden können".

natürlich auch an sie die Folgerungen, die aus dem Auftreten von Vollkaren gezogen werden. Hier soll auf das Verhältnis der Kare zur Eisstromhöhe noch ein Blick geworfen werden. Wo es die Breite des Gebirgskörpers, der die Quertäler trennt, erlaubt und wo seine Höhe erheblich den Firnmantel überragte, da stoßen wir auf stattliche Karentwicklung, die sich bei Erfüllung dieser Bedingungen auch auf die Abdachung der Querkämme zum Längstal (z. B. Rinder- und Sulzauerkar am Krimmler Kamm) erstreckt. Mit Abnahme der absoluten Höhe der sich ins Salzachtal vorschiebenden Seitengrate nimmt die Karbildung an ihnen auch bei günstiger Breitenentwicklung ab. Am Zwölferkogel und Madleitenkopf zwischen Habach- und Hollersbachtal, am Pihapper zwischen diesem und Felbertal sind noch kleine Kare entwickelt, weiter östlich, wo die Ausläufer unter Eis verschwanden, oder nur niedrige Nunataks bildeten, setzt Karbildung aus, wie die Theorie verlangt, daß sich Karlinge nur bilden konnten, wo Erhebungen das Eisstromnetz namhaft überragten[2]). An Stellen, wo der Gebirgskörper infolge Einbuchtungen der Kammlinie breiter sich entwickeln konnte, oder wo der Abstand der Talfurche vom Bergkamm an und für sich ein größerer war, kamen statt der Kare kleine, aber wohl ausgeprägte Trogtäler zur Ausbildung. Treffliche Beispiele dafür sind das Wurfbachtal, die rechte Komponente des Stubachtals unterhalb des Tauernmooses, das Bockharttal und der Palfnergraben oberhalb Bad Gastein; auch das Hiörkar nördlich Böckstein im Gasteiner Tal scheint der Karte nach eine ähnliche Bildung darzustellen. Die Sohle dieser kleinen Trogtäler ist mannigfach abgestuft (vgl. ihre Längsprofile Tafel V u. VI), sie repräsentieren ein Zwischenglied zwischen Treppenkaren und abgestuften Trogtälern, stehen aber kraft Vorhandenseins eines Trogschlusses den letzteren weit näher. Erst über dem Trogschluß betritt man das eigentliche Kar. Ungemein deutlich bietet sich besonders beim Palfnergraben der Gegensatz zwischen Trogschlußstufe und eigentlichen Talstufen dar.

Die Entstehung der mit Stufen abwechselnden Terrassen in Karen und Trögen wird mit stationären Stadialgletschern in Verbindung gebracht[1]). Wo eine Moräne die Terrasse oder einen an ihrer Stelle befindlichen See umrahmt, ist dies als sicher anzunehmen, für

---

[1]) P.-B. S. 286.

[2]) P.-B. S. 376 ff.

Terrassen ohne diesen Abschluß, besonders solche, die nicht als zugeschüttete ehemalige Seebecken zu deuten sind, können Stadialgletscher nicht ohne weiteres verantwortlich gemacht werden.
Sichergestellte derartige Vorkommnisse und in den Bereich der
Wahrscheinlichkeit gerückte sollen hier zusammengestellt werden.
Es sei hervorgehoben, daß Beobachtungen dieser Art nur vereinzelt und zufällig bei Verfolgung anderer Fragen angestellt
werden konnten. Eine systematische Durchforschung auch nur
eines größeren Tauerntals mit seinen sämtlichen Karen und
Gehängemulden würde eine Aufgabe für sich darstellen. Der
Palfner See (ca. 2075 m) ist von einem Blockwall umrahmt,
der wohl als Moräne aufzufassen ist. Im hintersten Seitenwinkeltal ist in ca. 2350 m unter dem Brennkogel ein
ca. 30 m hoher Wall aufgeschüttet. Die Terrasse im Wurfbachtal in < 1900 m Höhe ist nach vorn durch einen
Riegel abgeschlossen, der von benachbarten Punkten gesichtet
wurde und auf der Alpenvereinskarte der Glockner Gruppe angedeutet ist, dessen Beschaffenheit, ob Schutt- oder Felsriegel,
aber nicht mehr untersucht werden konnte. Am linken Talhang
des Amertals über der Hinterödalm stößt man auf einen ca. 20 m
hohen Wall in 2000 m Höhe. Der Karsee unter dem Zwölferkopf zwischen Habach- und Hollersbachtal ist von einem niedrigen Wall umgürtet. Die oberste Terrasse der Wildalm nördlich unter dem Popberg wird nördlich durch einen niedrigen
Wall begrenzt.

Ort (m)	Höhe der Umrahmung	Exposition	Stadiale Zugehörig- keit
Karsee 2081	22—2400 m	Nord	Daun
Amertal 2000	26—2800	Ost	
Wurfbachtal ? 1900	27—3200	West	
Brennkogel 2350	27—3000	Ost	
Palfner See 2100	23—2500	NW.	„
Popberg 2000	2100	Nord	?

Eine übersichtliche Zusammenstellung weiterer ähnlicher
Glazialablagerungen gibt Becke fürs Gasteiner Tal[1]).

[1]) Zeitschr. f. Gletscherkde, Bd. 3, S. 212.

Bei einer Depression der Schneegrenze von 300—400 m unter der heutigen (für die Nordseite der Hohen Tauern ca. 2600 m)[1], wie sie Penck[2] für sein Daunstadium annimmt, können die beobachteten Residuen diesem zugerechnet werden mit Ausnahme des Vorkommens am Popberg. Die ausgesprochene Nordexposition läßt für dieses auf eingelagerte Firnflecke schließen, die sich infolge orographischer Begünstigung lange erhielten; der abwitternde Gehängeschutt glitt über sie ab und verlagerte sich an seinem Fuß zu einem Schuttwall von moränenartigem Habitus, wie man sie noch heutzutage z. B. an weit unter der Schneegrenze sich erhaltenden Lawinenkegeln ausgebildet trifft.

Zu diesen Beobachtungen von Moränenvorkommnissen an den Gehängen der großen Quertäler gesellen sich noch (bereits bekannte) Schuttanhäufungen in den Talsohlen, deren zusammenhängende Besprechung hier am Platze ist. Aus den Beschreibungen der Längsschnitte der einzelnen Täler ist zu entnehmen, daß sich im Hüttwinkeltal bei Bucheben, im Felbertal unter dem Hintersee, und im Hollersbachtal bei der Brameibelalm mächtige Schuttwälle befinden, die das Tal quer sperrend auf den ersten Blick ganz den Eindruck von alten Stirnmoränen erwecken. Zu spärliche Aufschlüsse lassen zu keinem positiven Befund kommen und man wäre daher nur zu geneigt, nach Lage und Aussehen dem ersten Eindruck recht zu geben und stationäres Verweilen stadialer Gletscher anzunehmen, wenn sich nicht die Kunde erhalten hätte, daß an den betreffenden Stellen im Felber-[3] und Hollersbachtal[4] in historischer Zeit gewaltige Bergstürze niedergingen. Soweit Einblick in die Zusammensetzung des Buchebener Walles vergönnt ist, ist auch hier auf Bergsturz zu schließen[5]. Was es mit den vermuteten Ablagerungen am Ausgang des Wurfbachtals und unterhalb Ferleiten für Bewandtnis hat[6], wurde an den entsprechenden Stellen der Talbeschreibung (S. 41 f., S. 52) auseinandergesetzt. Als Moräne ließ sich auch der Wall unterhalb des Heiligenbluter Tauern-

[1] E. Richter, Gletscher der Ostalpen, S. 226 f.
[2] P.-B. S. 346, 347.
[3] C. v. Sonklar, Die Hohen Tauern, S. 76.
[4] Petermanns Mitt. 1882, S 141.
[5] Vgl. auch P.-B. S. 359.
[6] P.-B. S. 359.

hauses im Seitenwinkeltal (vgl. S. 60) nicht erweisen. Einwandfrei sind die Vorkommnisse bei der Ruine Hieburg bei Rosental
im Salzachtal, (S. 70), die Penck[1]) dem Gschnitzstadium zu-
rechnet. Offen bleibt die chronologische Einordnung der in
parallelen Reihen angeordneten alten Ufermoränen auf dem
Gehängerest oberhalb Wald, (S. 70), in rund 1500 m Höhe[2]). Zum
Daunstadium stellt Penck[3]) Beckes[4]) Moränenfund im Rainbachtal ober dem Tauernhaus.

Eine Zusammenfassung der hauptsächlichsten Ergebnisse
der vorliegenden Arbeit in knappster Form ergibt, daß Stützen für
die Heßsche Hypothese von den vier ineinandergeschalteten
Taltrögen, deren jeder einer Eiszeit und der folgenden Inter-
glazialzeit seine Entstehung verdankt, in den Quertälern der
Hohen Tauern und im Pinzgau nicht gefunden werden konnten.
Es ist ein Trog — der von Richter zuerst beschriebene —
vorhanden. In ganz seltenen Fällen lokal beobachtete „auffällige Gefällsbrüche“ über dem Richterschen Trogrand können Rudimente höher gelegener Talböden sein, beweisen läßt
sich dies mangels fortlaufender Vorkommnisse aber nicht.

Der Taltrog, dessen Entstehung Penck auf glaziale Übertiefung zurückführt, wurde nach den vorstehenden Untersuchungen
als fluviatiler Einschnitt vermutlich bereits präglazial[5]) angelegt.
Verbreiterung und Vertiefung erfuhr er durch die eiszeitlichen,
die Unterschneidung der Gehänge, die noch heute sein Charak-
teristikum bildet, durch die stadialen und nacheiszeitlichen
Gletscher.

Das Vorhandensein von Stadialmoränen konnte in den Quertälern der Hohen Tauern nicht sichergestellt werden.

---

[1]) P.-B. S. 358.
[2]) Mitt. d. Ges. f. Salzb. Landeskde. 1893, S. 208; P.-B. S. 358.
[3]) P.-B. S. 360.
[4]) F. Löwl, Exkursionsführer S. 15.
[5]) Präglazial ist hier nicht etwa im Sinn von pliocän gefaßt, sondern soll
einen Zeitabschnitt vor Eintritt der großen Vereisung bezeichnen, als Firnbedeckung in mäßigem Umfang bereits lange Zeit bestanden hatte (vgl. S 93 f.).

Die Untersuchungen über den alten Talboden, der sich aus den Trogrändern und aus den Stufenmündungen geeigneter Seitentäler ableiten läßt und nach Penck der präglaziale ist, ergaben, daß er, das Längstal ausgenommen, nicht die Gefällsverhältnisse aufweist, wie sie einem reifen Talsystem zukommen. Sein Verlauf über heutigen hohen Talstufen und in der Nähe von Trogschlüssen beweist, daß er diese Gefällsbrüche, wenn auch meist in bescheidenerem Ausmaß bereits abbildete. Es scheinen also diese Alpenteile vor Eintritt der großen Vereisung nicht in dem Maße Mittelgebirgsformen besessen zu haben, wie es aus Erwägungen anderer Art gefolgert wird[1]). Diese Meinung findet eine Stütze in Beobachtungen über ehemalige Verfirnung von Hochgipfeln (vgl. S. 48). Nach Penck[2]) bieten „die Mittelgebirge mit gerundeten Wasserscheiden bei entsprechender Höhenlage die besten Bedingungen für die Bildung der Kare und die Verbreitung derselben liefert einen Anhalt zur Beurteilung der ehemaligen Rundlingformen". Diese Hypothese kann m. E. nicht aufrecht erhalten werden; denn wenn schon „die spitzen Hörner zwischen dem Kapruner- und Fuschertal ganz verfirnt waren" (l. c.), so muß man doch annehmen, daß dies noch eher bei genügend hochgelegenen Mittelgebirgsformen mit gerundeten Wasserscheiden, welche die präglazialen Alpen dargeboten haben sollen, der Fall war. Bei völliger Verfirnung ist aber Karbildung ausgeschlossen, somit sind die ungemein zahlreichen Karlinge ein weiterer Fingerzeig, daß das Antlitz der Alpen vor dem Eintritt des Eiszeitalters nicht in dem Maße gealtert war, wie vielfach angenommen wird.

---

[1]) P.-B. S. 118 f.
[2]) P.-B. S. 287.

Tabelle I. Obere Gletschergrenze.

Erläuterung zur Tabelle I.

Die Tabellen bieten eine Zusammenstellung der in der Beschreibung der Talquerschnitte erwähnten und begründeten Schliffmarken. Die „Bemerkungen" beziehen sich ausnahmslos auf die Rubrik „Eisstromhöhe". Wo keine Quelle angegeben ist, liegen eigene Beobachtungen vor. Die Eismächtigkeit, die bei ü b e r f l o s s e n e n P ä s s e n angegeben ist, bezeichnet deren Tiefe unter der Firnoberfläche, in allen andern Fällen, ausgenommen die letzten 4 beim Stubachtal (7) genannten Orte ist die Erhebung der Firnoberfläche über den der aufgeführten Oertlichkeit benachbarten P u n k t e n der h e u t i g e n T a l s o h l e verstanden. Die Gefällszahlen sind m t Ausnahme derjenigen fürs Salzachtal auf die Fünfer abgerundet, bei größeren Unsicherheiten der Eisstromhöhe (= ?) auf die Zehner. Das Gefälle ist natürlich abhängig von der Stelle, an der man die Vereinigung der Quertalgletscher mit dem Eis im Pinzgauer Längstal ansetzt. Für den Krimmler Gletscher wurde dieser Ort beträchtlich weiter nördlich gesucht als für die übrigen, in der Annahme, daß dieser mächtige Eisstrom stets etwa über den Gerlosbach kommende Zuflüße zur Seite drängen konnte. Für die andern Komponenten des Salzachgletschers galt im allgemeinen als Vereinigungsstelle ein der nördlichsten Schliffmarke nördlich benachbarter Punkt. Seine ungefähre Lage ist aus der Rubrik „Entfernung" abzunehmen.

Ort (m)	Eisstromhöhe m		Eis-mächtig-keit m	Entfernung km	Gefälle °/₀₀	Bemerkungen
	rechts	links				
1. Krimmler Achental¹).						
Krimmler Törl 2828	> 2850		?	}3	}100	die Scharte war überflossen
Birnlücke 2671		< 2600	< 600			der Paß bildete eine Eisscheide
Lückenkopf 2770		2550	550	}5	}30	Schliffkehle
Schlachtertauern 2754		2450	750			
Gamsbühel 2647		2400	750			
Weigelkarkopf 3003	2400		750	}12	}15	P.-B.″ S. 281;
Krimml u. Wald ca. 900		> 2200	1300			P.-B. S. 269
Krimmler Tauern 2634		< 2600	—	}4	}25	Eisscheide
Windbachtalkopf 2846		2500	600			Schliffkehle } Windbachtal
Roßkarscharte 2650		> 2650	?			die Scharte war von der
						Gerlosher überflossen } Rain-bach-tal
Rainbachscharte 2733		< 2700	—			Eisscheide
Windbachkarkopf 2767		2500	500			Schliffkehle

Lokalität						Bemerkungen
Zwischensulzbachtörl 2878	2900?		?			noch heute verfirnter Paß
Krimmler Törl 2828		> 2850	?	{4	{100	siehe Krimmler Achental (1) u S. 11
P. 2720 d. Alp.-Ver.-Karte		2500	> 200	}17	{50 40	Schliffkehle
Zw. Gr. Sonntags.- u. Jaidbachkees		2350	600	{3 }10	{30	Zusammentreffen runder und zackiger Formen
Popberg 2191	2200?		1300	{7	{20	vgl. Untersulzbachtal (3) s. S.20
Zw. „Türkischer Zeltstadt." u. heutigem Gletscherende	2450—2300	2500—2300				{ Zeitschr. f. Gletscherkunde Bd. V, Taf 2
3 Untersulzbachtal[2]).						
Zwischensulzbachtörl 2878		2900?	?			siehe Obersulzbachtal (2) s S. 16
Gamsmutter 3087	> 2600		> 300	}3	}100	Abstutzung von Querrippen auf d Schliffbord
Popberg 2191	< 2200		> 1000	}9 12	{55 65	Nunatak? vgl. auch P.-B.
P. 2058 n. w. d. Popbergs	> 2100					Rundling S. 269
4. Habachtal[4]).						
Habachscharte 2929		2950?	?	{2	{175	noch heute verfirnt
Gamsmutter 3087		2600	600	}3	}100 70	Schliffkehle (Karschliffkehle)
Kl. Weitalm		2300	800	{6 }11	}20	Abstutzung von Querrippen a. d. Schliffbord
Zwölferkopf 2274	< 2200		1200			Grenze von runden und zackigen Formen; siehe S 29
5. Hollersbachtal[5]).						
Oberstes Weißenecktal	2600		500	{6,5	{45	Untergrabungserscheinungen (Karschliffkehlen) vgl. auch
Abrederkopf 2977		2500				Schliffkehle [Bild S.28
Lienzingerspitze 2760	2300		800			Schliffkerbe
Zwölferkopf 2274	< 2200		1200	{12	{40	Grenze runder und zackiger Formen
Wildeckkopf 2369	2200			}5,5	}25	Schliffkehle
Pihapper 2514		2150				Schliffkehle und Grenze runder und zackiger Formen
Plenitzscharte 2693 (linker Quellast des Tals)						vom Venediger her überflossen?

[2]) Siehe S. 16   [3]) Siehe S. 20.   [4]) Siehe S. 23.   [5]) Siehe S. 27.

Tabelle I. Obere Gletschergrenze.

Ort (m)	Eisstromhöhe m		Eis-mächtig-keit m	Entfernung km	Gefälle ‰	Bemerkungen
	rechts	links				
6. Felbertal[1]						
Felber Tauern 2540	> 2540		?			von Süd nach Nord überflossen
Oberstes Tal	2600		2—300	}1,5	}135-	Untergrabung
Zw. Mitter- u. Plattsee	2400		200	}3	}50	Untergrabung
Lemperscharte 2759		23—2200	9—1000	}6,5 }11	}15 }40	Schliffspuren
Pihapper 2514	2150		1250			siehe Hollersbachtal (5)
6a. Amertal[2]).						
P. 2667 n. w. d. Kl. Landeck-K. 2813	2500					Schliffkehle vgl. auch Bild S. 37
Riegelkopf 2921		2500	{ 4—500			Schliffkehle
7a. Dorfer Ödtal[3]).						
Kühkarhöhe 2614		2400?	6—700			Schliffkehle
Glanzgschirr 2657		2200	1000	}5	}40	Grenzen runder und zackiger Formen
7 Stubachtal[4]).						
Kalser Tauern 2512	2600		ca. 100			Schliffspuren; vgl. auch P.-B. S. 281.
Kapruner Törl 2635	< 2600		—	}4	}30	Eisscheide
Unt. d. Kl. Eiser 2902 und Hacksedl 2776	}25—2450		ca. 500	}6,5 }10,5 }16.5	}40 }40 }35	Schliffkehlen siehe Dorfer Ödtal (8) s. S. 43 Anm.[1]
Glanzgschirr 2657		2200	1200			
Vereinig m.d. Salzachgletscher		2100	1250	}6	}15	interpoliert
Hinterer Schafbühel 2351		> 2351	ca. 150			
Vorderer Schafbühel 2234		> 2234	ca. 200			
Sprengkogel 2207		> 2207	ca. 200			
Rettenk. 2161		> 2161	ca. 200			

Kleetörl 2373		2300	—	{4,5	{45	Eisscheide
Kl. Mittagskogel 2167	2100		800			P.-B S 270
9. Kapruner Tal[6].						
Kapruner Törl 2635		< 2600	—	{4,5	{40	s. Stubachtal (9), s. S. 42
Moserboden 2000		2400?	400	}9,5	}30	P.-S. S. 281
Kl. Mittagskogel 2167		2100	1250	{14	{35	P.-B S. 270
Hohe Kammer 2638		2500	?			Karschliffkehle d. Schmiedinger Keeses
Lakarscharte 2493		< 2490	—			Eisscheide
Brandlscharte 2357		< 2250	—			Eisscheide, vgl. Hirzbachtal (12). s. S. 56
Imbachhorn 2472		< 2300	?			zackige Gipfelpartien
10. Fuscher Tal[7].						
P. 3266 s.-ö. d. Hohen Dock		2650	?	}ca. 1	}150	Karschliffkehle
Rotes Moos 1300		2500?	1200			Annahme
Fuscher Törl 2405	> 2405		?	{14 }15	{30 }45	überflossen
Vereinig. mit d. Salzachgl.	ca. 2050		1250			interpoliert nach P.-B. S. 269
Hintergrund d. Hirzbachtals	23–2250		4–450			Schliffkehle, vgl. S. 53 und Bild Tafel I
Brandlscharte 2352		< 2250	—			Eisscheide
11. Hüttwinkeltal (Rauris)[8].						
Riffelhöhe	2500		300			Schliffkehle
Goldberggletscher		2500	?			Schliffbord u. Untergrabg. vgl auch P.-B. S 281
Riffelscharte 2405	> 2405		?	}11 }23,5	{35 }20	vermutlich überflossen
Seekopf 2410	> 2410?		800			Rundling
Mandelkarhöhe 2415	{2200—2150		ca. 1000	}12,5	}15	} Untergrabungserscheinungen
Turchelwand 2573						
Vereinig. m. d. Salzachgl.	2000		1100			P.-B. S. 270
Bockhartscharte 2238	> 2238					überflossen

¹) Siehe S. 34.   ²) Siehe S. 37.   ³) Siehe S. 43 Anm. [1].   ⁴) Siehe S. 42.   ⁵) Siehe S. 45.   ⁶) Siehe S. 47.   ⁷) Siehe S. 53.
⁸) Siehe S. 58.

Tabelle I. Obere Gletschergrenze.

Ort (m)	Eisstromhöhe m		Eis-mächtig-keit m	Entfernung km	Gefälle °/oo	Bemerkungen
	rechts	links				
11a. Seitenwinkeltal¹).						
Fuscher Törl 2405		2500?	100?	}4	}25	vgl. Fuscher Tal (12), s. S. 53
Edlenkopf 2918	2400?		1000	}9 }13	}35}30	Anzeichen von Untergrabung
Wörth 950	ca. 2100		1150			vgl. Hüttwinkeltal (13)
12. Gasteiner Tal²).						
Riffelscharte 2405		2450?				vgl. Hüttwinkeltal (13) — Siglitztal
Kreuzkogel 2686	2400		800	}10	·25	Grenzen v. rund u. zackig; vgl. auch P.-B. S. 281
Seekopf 2410		> 2410	900	}30	}15	Rundling; vgl. Hüttwin- keltal (13), s. S. 58 } Naß- feld
Graukogel 2497	} 2250		{ 1200			} zackige Gipfelformen ; vgl.
Feuersang 2476				}20	}10	{ auch: P.-B. S. 281
Vereinig mit d. Salzachgl.	2000		1200			P.-B. S. 270
Palfnerscharte 2332	> 2332					überflossen
12a Anlauftal³).						aus:
P. 2836 östl. d. Lainkarsp.	2600		900	}1	}200	} Karschliffkehle (?), entnommen
Lainkarspitzen	2400		900	}9,5 }10,5	}15}35	} Karte der Ankogel- u. Hoch- almspitzgr. 1909
Viehzeitkogel 2486		2400	900			
Vord. Lainkarscharte 2311	> 2350		100			überflossen
Hint. Lainkarscharte 2325	> 2400		100			überflossen
Bad Gastein 1050	2250		1200			

Böcksteinkogel 2531	2550?	1000	{8	{40	Rundling; Untergrabungser-scheinungen im n.-ö. Tischler-kar. Die Eismächtigkeit be-zieht sich auf den zum Tisch-lerkar leitenden Talast, fürs Kesseltal würde sie ca. 700 m betragen
Bad Gastein 1050	2250	1200			

13. Salzachtal⁴).

Gerlospaß 1486	2200	> 700			P.-B. S. 270
Krimml und Wald	> 2200	1300			P.-B. S. 269
Filzensattel 1693	22—2100	500	{8	{6?	P.-B. S. 269
Untersulzbachtal 850	< 2200	1350			vgl. 3 und Text S. 20
Habachtal 820	< 2200	1350	{70}80		vgl. 4.
Hollersbachtal 800	2150	1350		{2}2,5	vgl. 5.
Kl. Mittagskofel 2167	2100	1350			P.-B. S. 270
Schmittenhöhe 1968	2000	1250			P.-B. S. 269
Salzachknie im Pongau 550	kaum < 2000	1450			P.-B. S. 270

¹) Siehe S. 60. ²) Siehe S. 63. ³) Siehe S. 63.
⁴) siehe S. 71. Die Eisstromhöhen sind Minimalwerte, da im Tale heute Aufschütungen von unbestimmter Mächtigkeit lagern.

Tabelle II. Trogränder.

Erläuterung zur Tabelle II.

Als Ort, an dem die Trograndhöhe gemessen oder aus Karten entnommen wurde, ist ein Tal-, Gehänge- oder Gipfelpunkt genannt, in dessen nächster Nachbarschaft der Querschnitt gelegt wurde. Örtlichkeiten, die unter dieser Rubrik mit Bezeichnungen allgemeiner Art, wie z. B. „Talausgang" belegt sind, wurden durch Beifügung der Höhe der heutigen Talsohle unter der betr. Stelle hinreichend bestimmt. Die Angabe des Gefälles der heutigen Talsohle für dieselben Talstrecken, an deren Endpunkten zufällig eine Bestimmung der Trograndhöhe vorgenommen werden konnte, hätte zuweilen eine unrichtige Vorstellung über den heutigen Talverlauf erweckt, wurde daher in diesen Fällen weggelassen. Detaillierung in den Tabellen war aber um so weniger notwendig, als die gezeichneten Längsprofile (Taf. IV—VI) alle Einzelheiten wiedergeben. Die gerechneten Gefällszahlen wurden abgesehen vom Salzachtal auf die Fünfer abgerundet. Wo keine Quelle angegeben ist, liegen Beobachtungen an Ort und Stelle vor, aber auch da, wo Belege mitgeteilt sind, mangelt der Augenschein nur selten, es wurden den angeführten Quellen in der Regel nur die Höhen entnommen. Unter „Auffälligen Gefällsbrüchen" der letzten Rubrik sind Gehängeknicke und Terrassen unter der Schliffgrenze, ausgenommen den Trograud, verstanden. Im übrigen sollte unter dieser Rubrik eine übersichtliche Zusammenfassung einzelner in der Talbeschreibung erwähnter Beobachtungen und den Karten entnommener Daten gegeben werden.

Ort (m)	Höhe des Trograndes m		Heutige Talsohle m	Entfernung km	Gefälle $^o/_{oo}$		Auffällige Gefällsbrüche; Stufenmündungen von Seitentälern; Karterrassen etc. m
	rechts	links			des Trograndes	der heutig. Talsohle	
1. Krimmler Achental²).							
Birnlücke 2762		> 2200	1900				
Steinkarspitze 2870	2200	2200	1750				
Windbachtal-Mündung	2100—2000		1660	}13	}35	}5	Stufenmündung des Windbachtals 140
Rainbachtal-Mündung	2000—1900		1620				Rainbachtals 180
Oberh. d. Krimmler Fälle	18—1700¹)		1460	}7	}55		
Wald im Salzachtal	14—1300		870				
1a. Windbachtal³).							
Tauern-K. 2885	2300¹)		2300	}5	}50	}100	
Talmündung	2100—2000		1800				
1b. Rainbachtal⁴).							
Trogschluß	2350		2350¹)				Karterrassen im Rainbachkar: 2600; 2400
Gamsbühel 2642		2100	1870	}5.5	}75	}100	„ unt. d. Gamsbühel > 2400; < 2300

Ort										Bemerkungen
2. Obersulzbachtal[5].										
Türkische Zeltstadt (Trogschluß?)		2350	vergletschert							Terrasse im Gr. Jaidbachkar 2050
Filzwaldalm	2200	2200	1740	}7,5		}60		}110		Postglaziale (?) Untergrabungsspuren a. l. Gehänge ober d. heutigen Obersulzbachgletscher
Posch- und Wimmalm		1900	1500	}3,0	}13,5		}100	}150		
Hochalm 1551		1500	1050			}135				
Wald im Salzachtal	14—1300		870	}3,5		}45		}50		
3. Untersulzbachtal[6].										
Gletscherzunge		2300	vergletschert							Die Zunge des Untersulzbachgletschers hängt in einen Trog herab, dessen Rand (2070 bis 2000 m) unter dem Niveau von Ufermoränen rezenter Hochstände liegt. Vgl. Abbildg. 2 S. 21; postglaziale (?) Untergrabungsspuren (Steilrand ca. 2200 m) in der Gegend des heutigen Zungenendes (1900 m)[7]
Nördlich der Söllhof-(Alpboden-)Alm	17—1600		1230	}8		}90		}155		
Altes Cu-Bergwerk	1600[7]	1600	1050			}120		}80		
Salzachtal	ca. 1300[8]		850	}ca. 2,5						
4. Habachtal[9].										
Trogschluß		2300	2300	}3,5		}115				Der heutige Gletscher reicht als Lappen bis zum Trogschluß
Kleine Weitalm	1900	1880[1]	1500							
Mayeralm	1800[1]	1700	1400	}5	}11,5	}60	}85	}80	}130	
Gams-K. 2106	1600		1100							
Salzachtal	1300		820	}3		}100		}95		
5. Hollersbachtal[10].										
Trogschluß (Kratzenberg)		2450	2450							Stufenhöhe Kratzenbergsee-Ofner Boden 650[7]
Kratzenbergsee		2350	2350							„ Weißeneck-Ofner Boden 300[7]
Trogschluß (Weißeneck)		2400	2150							Stufenmündung des Schargrabens 200
Trogschluß (Ofner Boden)?	1800[1]		1800							Karsee 2081[7]
Säullahngraben	18—1700[1]	20—1900[1]	1500	}7,5		}55		}95		Unbenannter See südöstl. vom Karsee 2050
Oberh. der Mündung des Gruberbaches (Schargr.)		1400	1100	}ca,3	}10,5	}70	}55	}100	}95	Karterrasse unter dem Wildeck-K. ca. 2100
Salzachtal	1200		800							Verschüttete Wasseransammlung bei d. Reicherleitenalm 2070. Schuttwall 30—40 m hoch im Tal bei der Brameibelalm ca. 1300 m

[1] Man kann streng genommen am Trogschluß von heutiger Talsohle nicht mehr reden, die Bezeichnung wurde für diese Punkte nur der Einfachheit halber in den Tabellen beibehalten. [2] Siehe S. 12. [3] Siehe S. 12. [4] Siehe S. 12. [5] Siehe S. 17. [6] Siehe S. 20. [7] Alpen-Vereins-Karte der Venediger Gruppe. [8] Interpol. nach Tab. II Nr. 12. [9] Siehe S. 23. [10] Siehe S. 29.

Tabelle II. Trogränder.

Ort (m)	Höhe des Trograndes m		Heutige Talsohle m	Entfernung km	Gefälle °/₀₀		Auffällige Gefällsbrüche; Stufenmündungen von Seitentälern; Karterrassen etc. m
	rechts	links			des Trograndes	der heutig. Talsohle	
6. Felber Tal¹).							
Trogschluß (Obersee)	2500		2500				
Trogschluß (Naßfeld)	2200		2200				
Trogschluß (Hintersee)	2000		2000	}1,5	}200	}335	
P. 2742²)		1700	1500				
N.-Ende des Hintersees		1500?	1300	}2,5	}80	}130	Schuttwall am Nordende des Hintersees 1300 m
Tauernhausspital		1500	1170				
Salzachtal³)	1200		800	}7	}45	}55	
6a. Amertal⁴).							
Trogschluß	2200		2200			}155	Hochgelegener Gehängerest (?) an der linken
Taimeralm	1700⁵)		1350	8,5 }5,5 }3	70 }90 }95	}120	Flanke des Talhintergrundes mit einer Rand-
Hohe Arche 1927	1600³)		1200			}50	höhe von 2400—2200 m; ca. 20 m hoher Moränenwall am linken Talhang über der Hinterödalm in 2000 m Höhe
7. Dorfer Ödtal⁶).							
Trogschluß	2100		2100				
Talhintergrund		2000	1600	}7	}85	}155	
Vorderödalm		1800	1300				
Gaisleger A.-H. 1543		1500	1000				

Totenköpfe (Odenwinkel)			2250	vergleichen			Mündungsstufe des Tauernmoostals […]
Trogschluß „im Winkel" (Weißenbachtal)	2100		2100				
Grünsee		2000	1700	10 {2.5 / 3.5}	65 {120 / 70}	}115	Ödbachtals 200[8]
Wiegenköpfe 1720		1700	1300				Wurfbachtals 400[8]
Grundschachtalm	15—1400		1000				Kl. Stubachtals (Gagernbach) 300[8]
Fellern		15—1400	950	}7	}30	}25	Terrass. d. Wurfbachtals in 2500[8], 1900[8], 1700[8]
Salzachtal		1250[8]	780				Moräne ? am Ausgang des Stubachtals
8. Mühlbachtal[9].							
Trogschluß		2100					
Lakarhütte	2000		1700	}7.0	}150	}190	
Salzachtal	1100—1000[10]		770				
9. Kapruner Tal[11].							
Naßwand gegenüber	2300?		2000	}3	}185		Mündungsstufe des Grubersbaches 300[8]
Orgler Hütte		18—1700	1600				Talterrassen im oberen Gruberstal 1950, 1850
Breitriesenalm		1400	900	{4.5	}80		Gehängeterrasse (?) am Roßkopf in ca. 2000
Harleitenalm 1780	1400[12]		900			}25	
Wildeck-K. 1780		12—1300	850	{6	{60		
Salzachtal		1050	760				
10. Fuscher Tal[13].							
Zwischen Käfertal und							
Pfandelbach	1900		1450				Mündungsstufe des Weichselbachtals ca. 300[8]
Rotes Moos	1800		1270				Hirzbachtals 900—800
Bockenayhütte	1650	> 1650	1250				„ „ Sulzbachtals ca. 300[8]
Ferleiten		1650	1150	}10	}40	}45	Terrassen unt. d. Fuschertörl: Ob. Naßfeld 2250, Unt. Naßfeld 2100
Gegenüber Höllenbach		< 1650	1100				Hochgelegene Gehängeterrasse des Lengfelds, Rand 2000—1900 m
Mündung des Weichselbachtals		1500[12]	1000	}10	}50	}25	Unt. d. Trogrand geleg. ausspringende Kante b. d. Bockenayhütte, Randhöhe > 1400
Salzachtal	1000[14]		755				Unt. d. Trogrand geleg. ausspringende Kante, links oberh. Ferleiten, Randhöhe 1400—1380

[1]) Siehe S. 35. [2]) Alpenvereins-Karte d. Venediger Gruppe. Ausgabe 1908. [3]) Oest. Spez.-Karte Zone 16 Col. VII. [4]) Siehe S. 37. [5]) Öst. Spez.-Karte Zone 17 Col. VII. [6]) Siehe S. 43, Anm. 1). [7]) Siehe S. 43. [8]) Öst. Spez.-Karte Zone 16, Col. VII. [9]) Siehe S. 45. [10]) P.-B. S. 308. [11]) Siehe S. 50. [12]) Alpenvereins-Karte der Glocknergruppe. [13]) Siehe S. 54. [14]) Interpol. nach Tab. II. Nr. 12.

Tabelle II. Trogränder.

Ort (m)	Höhe des Trograndes m — rechts	Höhe des Trograndes m — links	Heutige Talsohle m	Entfernung km	Gefälle ⁰/₀₀ des Trograndes	Gefälle ⁰/₀₀ der heutig. Talsohle	Auffällige Gefällsbrüche; Stufenmündungen von Seitentälern; Karterrassen etc. m
10a. Hirzbachtal[1]).							
Über d. obern Talterrasse	1900	1900	1750				
11. Seitenwinkeltal[2]).							
Trogschluß	2060		2060				ca. 30 m hoher Moränenwall (2380 m) unter dem Brennkogel
Edlenkopf 2910	1950		1400	}16	}30	}65	Schuttwall unterh. d. Tauernhauses ca. 1500
Wörth	1600[3])		1000				
11a. Rauriser-Hüttwinkeltal[4]).							
Talaufschwung	2200		2200				Trogschluß?
Böckhartscharte 2238	1900		1500	}3,0	}100	}235	
Bodenhaus	1700	1700	1200				
Unterh. der Krumelbachmündung		1700[3])	1100	}13	}25	}40	ca. 50 m hoher Schuttwall b. Bucheben 1100
Wörth	1600[3])		1000				Mündungsstufe des Vorsterbachs 400[3])
Salzachtal (Enge v.Taxenbach)	950—850[5])		650	}11	}65	}35	
12. Gasteiner Tal[6]).							
Trogschluß (Siglitztal)	2200		2200				Mündungsstufe des Bockharttals 300[3])
Siglitztal-Mündung		21—2000	1600	}3	}65	}200	Naßfeldtals 400[8])
Naßfeld	2000		1600				Angertals 250[8])
Naßfeldtal-Mündung	1900[7])	1900	1100	}6	}15	}85	„ „ Kötschachtals 100[8])
Bad Gastein (Graukogel)	1800[7])	1800	1100	}17	}40	}20	Terrassen des Palferkars u. -Tals 2200, 2100, 1500
Südl. Dorf Gastein	13—1200[8])		800				Blockwall a. Ausfluß d. Palfner Sees ca. 2100
Salzachtal	950—850[8])		650	}9	}40	}15	Mündungsstufe des Palfnertals 300[7])

Tal									Bemerkungen
Talhintergrund	2200[7])		1800	}1,5		}85	}135	}110	}170	
Viehzeitkogel 2486		2000[7])	1550		}4.					
Unter den Lainkaren	20—1900		1350	}2,5			}20		}80	
12b. Kötschachtal[11]).										
Trogschluß (Kesseltal)	2300[7])		2300							Mündungsstufe des Kesseltals 450[7])
„ unt. d. Tischlerkar	2050[7])		2050	}7,5		}85		}155		
Oberhalb d. Talmündung	1400[8])		900							
13. Salzachtal[12]).										
Krimml			1000	}7				}19		Mündungsstufe d. Krimmler Achentals ca. 500
Wald	14—1300		870							Ufermoränenwälle in ca. 1530 m am r. Gehänge
Tratten- und Dirnbach		12—1150	850							Mündungsstufe des Untersulzbachtals 200 Wildalmterrassen in 2000 u. 1600 m (unt. d. Popberg
Habachtal	1300[13])		820	Wald-Taxenbach ca. 60 km			ca. 3		ca. 3	
Hollersbachtal	1200		800							
Felbertal	1200		800							
Paß Thurn 1273		12—1100[14])	800							
Stubachtal	1250		780							
Kaprunertal		1000[15])	760							
Plattenkogel 1818	1000[16])		700							Mündungsstufe des Rauriser Tals 150
Enge von Taxenbach	950—850[17])		650							Gasteiner Tals 150

[1]) Siehe S. 56. [2]) Siehe S. 60. [3]) Öst. Spez.-Karte, Zone 17 Col. VIII. [4]) Siehe S. 58. [5]) P.-B. S. 309. [6]) Siehe S. 64.
[7]) Alpenvereins-Karte der Ankogel- u. Hochalmspitzgruppe. [8]) Öst. Spez.-Karte, Zone 17 Col. VIII. [9]) P.-P. S. 308. [10]) Siehe S. 65.
[11]) Siehe S. 65. [12]) Siehe S. 67. [13]) Öst. Spez.-Karte, Zone 16 u. 17, Col. VII. [14]) P.-B. S. 308 [15]) Öst. Spez.-Karte, Zone 16, Col. VII [16]) Öst. Spez.-Karte, Zone 16 Col. VIII. [17]) P.-B. S. 309.

Tabelle III. Alter Talboden.

Erläuterung zur Tabelle III.

Es ist in der Natur der Sache und in den kartographischen Unterlagen begründet, daß es meist nicht möglich war, an den gleichen Stellen der Talgehänge, an welchen eine Trograndhöhe bestimmt werden konnte, auch die annähernde Höhe des zugehörigen Talbodens zu ermitteln. Die Folge war, daß eine Zusammenziehung der Tabellen II und III, die eine instruktive vergleichende Übersicht des Verlaufes des Trograndes, der alten und der heutigen Talsohle geboten hätte, leider unterbleiben mußte.

In den fehlenden Tälern gelang keine Feststellung des alten Bodens. Die Übertiefungszahlen des Salzachtals sind wegen dessen Aufschüttung zu niedrig, auch die vieler Quertäler müssen aus dem gleichen Grund als Minimalwerte angesehen werden. Aus dem zuweilen auftretenden sprunghaften Wechsel der Übertiefungszahlen in einem und demselben Tal erhellt wieder die oft betonte Unsicherheit in den Methoden der Bestimmung des alten Talbodens. Die Gefällszahlen wurden mit Ausnahme derer des Salzachtals auf die Fünfer abgerundet.

A. V. K. = Alpenvereins-Karte. — Ö. Sp. K. = Österr. Spezial-Karte.   Z. = Zone, C. = Colonne.

Ort der Ermittlung des alten Bodens m	Höhe des alten Bodens m	Entfernung km	Heutige Talsohle m	Übertiefung m	Gefälle °/₀₀ des alten Bodens	Gefälle °/₀₀ d. heutigen Talsohle	Kartenmaterial, nach dem der alte Boden rekonstruiert wurde, und sonstige Quellen.
1. Krimmler Achental.							
Unter der Birnlücke	2050?		1800	250?			A. V. K. d. Vened. Gruppe
		4,0			60	35	
Windbachtal-Mündung	1800		1660	140			A. V. K. „
Rainbachtal-Mündung	1800	9,0	1620	180	20	20	A. V. K. „
Oberhalb d. Krimmler Fälle	1600		1460	140			A. V. K. d.
		7,0	-		70	85	
Wald im Salzachtal	1100		870	230			A. V. K. d. Vened. Gruppe und Ö. Sp. K. Z. 17 C. VI.
1a. Windbachtal.							
Trogschluß	2300		2300	150			A. V. K. d. Vened. Gruppe

2. Obersulzbachtal.							
Türkische Zeltstadt	2350		2350				A. V. K. ,, Vened. Gruppe
		3,0			135	200	
Filzwaldalm	1950		1740	200			A. V. K. ,,
		4,5			65		
Wimmalm	17—1600		1500	200—100			A. V. K. ,,
		7,0			80	90	
Wald im Salzachtal	1100		870	230			A. V. K. d. Vened. Gruppe u. Ö. Sp. K. Z. 17 C. VI.
3. Untersulzbachtal.							
Altes Cu-Bergwerk	1400?		1100	300?			A. V K. d. Vened. Gruppe
Salzachtal	1050		850	200			A. V. K.
4. Habachtal.							
Trogschluß	2300		2300				A. V. K. d. Vened. Gruppe
		3,0			180	230	
Kl. Weitalm	1750		1600	150			A. V. K.
		4,5			65 } 80	90 } 80	
Krameralm	1450		1200	250			A. V. K.
		5,0			90	75	
Salzachtal	1000		820	180			Ö. Sp. K. Z. 16 C VI, VII Ö. Sp. K. Z. 17 C. VI, VII
5. Hollerbachtal.							
Trogschluß- Ofner Boden	1800		1800				A. V. K. d. Vened. Gruppe
		4,0			90	125	
Saustein-(Brameibl-)Alm	1450		1300	150			A. V. K.
		3,0					
Wirtsalm	1300		1100	200			A. V. K.
		1,0			55	60	
Aus der Mündungsstufe des Schargrabens	1150—1100		1000	150—100			A. V. K.
		4,0					
Salzachtal	1000		800	200			Ö. Sp K. Z. 16 u. 17 C. VII

Tabelle III. Alter Talboden.

Ort der Ermittlung des alten Bodens m	Höhe des alten Bodens m	Entfernung km	Heutige Talsohle m	Übertiefung m	Gefälle ‰ des alten Bodens	Gefälle ‰ d. heutigen Talsohle	Kartenmaterial, nach dem der alte Boden rekonstruiert wurde, und sonstige Quellen
6a. Amertal.							
Trogschluß	2200	5,5	2200				A. V K. d. Glockner Gruppe
Taimeralm	1550	3,0	1300	250	120	160	Ö. Sp. K. Z. 17 C. VII
Hohe Arche	1450	8,0	1200	250	50	45	Ö. Sp. K Z. 17 C. VII
Salzachtal	1000		790	200			Ö. Sp. K. Z. 16 C. VII
7. Stubachtal.							
Trogschluß „im Winkel"	2100	7,5	2100		115	145	A. V. K. d. Glockner Gruppe
Gaisleger A. H.	1250	4,5	1000	250			A. V. K.
Widrechtshausen	1100	4,0	850	250	35	25	A. V K.
Aus der Stufenmündung des Gagernbaches	1000?		850	150?			A. V K. „
Salzachtal	1000 900		780	220—120			Ö. Sp. K. Z. 16 C. VII
8. Mühlbachtal.							
Trogschluß	2100	1,2	2100		210	335	A. V. K. d. Glockner Gruppe
Lakar H.	1850	7,2	1700	150	120	130	A. V. K. „
Salzachtal	1000—900		770	230—130			Ö. Sp. K. Z. 16 C. VII

Moserboden	2150		2000	150			A. V. K. d. Glockner Gruppe
Mündung des Wielinger Grabens	1850	5,5	1700	150	130	145	A. V. K. „
Harleiten	1150?		900	250?			A. V. K. „
Ausder Stufenmündung d. Grubersbaches	1100	6,5	900	200	30	20	A. V. K. „
Salzachtal	1000—900		760	240—140			Ö. Sp. K. Z. 16 C. VII
10. Fuschertal.							
Unter dem Fuscher Eiskar	1900	3,5	1900		115	170	A V. K. d. Glockuer Gruppe
Rotes Moos	1500	1,0	1300	200			A. V. K. „
Bockenay	1350?	4,5	1250	100?	20	25	A. V. K. „
Ferleiten	1400	4,5	1150	250			A. V. K. „
Aus der Stufenmündung des Weichselbachtals	1000—950?		900	100—50?			Ö. Sp K. Z. 17 C. VIII
Aus der Stufenmündung des Hirzbachtals	1500?	4,0	800	700?	30	30	A. V. K. d. Glockner Gruppe
Aus der Stufenmündung des Sulztals	1050		800	250			Ö. Sp. K. Z. 17 C. VIII
Salzachtal	1000—900	5,5	750	250—150			Ö. Sp. K. Z. 16 u. 17 C. VIII
11. Rauriser-Hütt- winkeltal.							
Höhe des Talaufschwungs	2200	3,0	2200		200	235	Originalaufnahme 1:25000 Freytags-K.
Bockhartscharte	1600?	7,0	1500	100?			
Unterhalb des Krumeltals	1350	5,5	1100	250	30	40	Ö Sp K. Z. 17 C. VIII
Wörth	1300?	1,0	1000	300?			Ö. Sp. K. Z. 17 C. VIII
Aus der Stufenmündung des Vorsterbachs	1200	10,5	930	270			Ö. Sp. K. Z. 17 C. VIII
Taxenbach	950—850		680	270—170	30	25	P -B S. 309

Tabelle III. Alter Talboden.

Ort der Ermittlung des alten Bodens m	Höhe des alten Bodens m	Entfernung km	Heutige Talsohle m	Übertiefung m	Gefälle °/₀₀ des alten Bodens	Gefälle °/₀₀ d. heutigen Talsohle	Kartenmaterial, nach dem der alte Boden rekonstruiert wurde, u. sonstige Quellen
11a. Seitenwinkeltal.							
Trogschluß	2060	6,5	2060		80	110	Ö. Sp. K. Z. 17 C. VIII
Edlen-Kopf	1550	9,5	1340	200	40	35	Ö. Sp. K. Z 17 C. VIII
Talmündung	1200		1000	200			Ö. Sp. K. Z. 17 C. VIII
12. Gasteiner Tal.							
Trogschluß (Siglitztal)	2200	1,5	2200		200	265	Ö Sp. K. Z. 17 C. VIII
Siglitztal	1900	1,5	1800	100	150	200	Ö. Sp. K. Z. 17 C. VIII
Nußfeld	1750	6,0	1600	150	100	130	Ö. Sp. K. Z. 17 C. VIII
Naßfeldtal etwas oberhalb Böckstein	1450	2,0	1200	250	50	65	A. V. K. d. Ankogel Gruppe
Naßfeldtal etwas unterhalb Böckstein	1350 — 1300	2,0	1100	250 — 200	25	25	A. V. K. „
Bad Gastein	1350	2,0	1100	250	100	100	A. V. K. „
Aus der Mündungsstufe des Kötschachtals	1150	1,0	900	250			Ö. Sp. K. Z. 17 C. VIII
Unterhalb der Mündung des Kötschachtals	1100	2,5	900	200			Ö. Sp. K. Z. 17 C. VIII
Aus der Stufenmündung des Angertals	1050	10,0	850	200	10	10	Ö. Sp. K. Z. 17 C. VIII
Dorf Gastein	1050	7,5	830	220			Ö. Sp. K. Z. 17 C. VIII
Lend	950 — 850		650	300 — 200			Ö. Sp. K. Z. 16 C. VIII

12a. Anlauftal.

Hölzerne Wände	2000?		1750	250?			A. V. K. d. Ankogel Gruppe
		1,5			165	135	
Viehzeitkogel	1750		1550	200			A. V. K
		2,5			20	80	
Lainkare	1700?		1350	350?	} 60	} 70	A. V. K. „
		4,0			90	60	
Gasteinertal unterhalb Böckstein	1350		1100	250			A. V. K. „

12b. Kötschachtal.

Trogschluß Kesseltal	2300		2300				A. V. K. d. Ankogel Gruppe
		2,0			200	240	
Kesselalm	1900		1825	75			A. V. K. „
		} 3,5			} 170	} 195	
Trogschluß unt. dem Tischlerkar	2050	4,0	2050		185	225	A. V. K. „
Reedbach	1300		1150	150			A. V K. „
		4,0			25	40	
Kurz oberhalb der Talmündung	1200		1000	200			Ö. Sp. K. Z. 16 C. VIII
		1,5			65	65	
Gasteinertal unterhalb der Kötschachmündung	1100		900	200			Ö. Sp. K. Z. 16 C. VIII

Tabelle III. Alter Talboden.

Ort der Ermittlung des alten Bodens m	Höhe des alten Bodens m	Entfernung km	Heutige Talsohle m	Übertiefung m	Gefälle $^{o}/_{oo}$ des alten Bodens	Gefälle $^{o}/_{oo}$ d. heutigen Talsohle	Kartenmaterial, nach dem der alte Boden rekonstruiert wurde, und sonstige Quellen
13. Salzachtal¹).							
Krimml		7,0	1000	4—500		19	P.-B. S. 308
Wald	1100–1050	3,0	870	230—180	ca. 10 } 11	10 } 7	A V K. d. Vened. Gruppe
Aus der Stufenmündung des Dirnbaches	1050	4,0	840	210	12 }	5 }	u. Ö. Sp. K. Z. 16 C. VI
Habachtal²)	1000		820	180			Ö. Sp. K. Z. 16 u. C. VII
Mittersill	1100—1200	13,0	790	3—400			P.-B. S. 308
Felber Tal	1000		790	210			Ö. Sp. K. Z. 16 C. VII
Stubachtal³)	1000–900	7,0	780	220—120	ca. 2	3	Ö. Sp. K. Z. 16 C. VII
Niedersill	1000–1100	14,0	770	230—330			P.-B. S. 308
Kaprun	1000—900		760	240—140			Ö. Sp. K. Z. 16 C. VII
Enge unterhalb Taxenbach⁴)	950—850	20,0	650	300—200			P.-B. S. 309
St. Johann i. P.	> 800	18,0	560	> 240			P.-B. S. 308
Bischofshofen	750	8,0	550	200			P.-B. S. 308

¹) Durchschnittsgefälle Wald-Taxenbach ca. $3^o/_{oo}$ für den alten, ca. $4^o/_{oo}$ für den heutigen Talboden.

²) Die Fortsetzung des Gefälles 1750—1450 (vgl. Nr. 4 dieser Tabelle) führt auf 1100 m im Salzachtal, die des Gefälles 1450—1300 (vgl. Nr 5) auf 1050 m.

³) 1250—1100 (vgl. Nr. 7) führt auf 1050 m als alte Talbodenhöhe im Salzachtal.

⁴) 1350—1200 (vgl. Nr. 11) führt auf 950 m   ,,

   1150 1050 (vgl. Nr. 12) führt auf 950 m ,, ,,   ,,

Bemerkungen zu den Tafeln, Figuren und Textbildern.

Die Bilder Tafel 11, sowie Abb. 7 verdanke ich meinem Bruder, Dipl.-Ing. Hans Distel, die übrigen sind, mit Ausnahme von Nr. 4, 6, 11, Aufnahmen des Verfassers.

Tafel I. **Rechte Flanke des Hirzbachtals** von der Gleiwitzer Hütte (ca. 2250 m), aufgenommen 16. Oktober 1910. Das Bild bringt eine Schliffkehle (fortlaufender einspringender Winkel) und zwar eine Gehängeschliffkehle (siehe S. 73) von selten scharfer Ausprägung, darunter befindet sich eine sehr steile Trogschulter, die verschwommen in wenig entwickelte Trogwände übergeht; darüber setzen die zum scharfen Grate sich aufschwingenden Gipfelsteilwände an. Auf den Höhen etwas Neuschnee. Nach rechts (südlich) schließt Abb. 8 (S. 55) an.

Tafel II. Oben von links nach rechts: **Bauernbrachkopf (3126 m) und Hoher Tenn (3371 m)** von der Kammerscharte (ca. 2600 m), aufgenommen am 15. Oktober 1910. Auf den Höhen etwas Neuschnee. Bemerkenswert ist der teilweise von Lawinen geglättete Bratschenhang unter dem Bauernbrachkopf und das in der Entwicklung begriffene Kar unter dem Hohen Tenn in der mittleren Höhenlage von 2700 m, das einen kleinen teilweise regenerierten Gletscher birgt.

Unten von links nach rechts: **Hoher Tenn (3371 m), Kleines (3282 m) und Grofses Wiesbachhorn (3570 m).** Ort und Tag der Aufnahme wie oben.

Wie das Wiesbachhorn noch heute völlig verfirnt ist, so bildeten Tenn und Bauernbrachkopf zur Hocheiszeit aller Wahrscheinlichkeit nach Firngipfel. Beide Bilder zusammengestossen (das untere bildet die südliche Fortsetzung des oberen) geben den Fuscherkamm vom Bauernbrachkopf bis zur Glockerin (3425 m) von Westen gesehen.

Abbildung 1. (Seite 18.) **Ostflanke des Obersulzbachtals,** aufgenommen in ca. 2200 m Höhe vom westlichen Talhang ober der Filzwaldalm am 7. Oktober 1909; erheblicher Neuschnee. Von rechts nach links: Steinkar (kaum zur Hälfte sichtbar), unbenanntes Kar nördlich davon, Käferfeldkar. Die Karböden werden in dieser Folge und weiter talaus immer steiler, die Karumrandungen immer weniger ausgeprägt.

Abbildung 2. (Seite 21). **Vorterrain und Zunge des Untersulzbachgletschers,** aufgenommen von der linken Talseite aus ca. 2000 m Höhe am 8. Oktober 1909. Man bemerkt auf der linken Seite und inmitten des Bildes die geschliffene Steilwand, die gegen die Gletscherzunge hin niedriger und geringer geneigt, schließlich schuttbedeckt wird, ohne aber den Charakter als fortlaufende Felswand zu verlieren. Sie erstreckt sich auch noch unter das Eis, der vorderste Gletscherlappen hängt über sie herab. Ober ihr zeigt sich auf der rechten Talseite eine Ufermoräne.

Abbildung 3. (Seite 28.) **Östliche Umrandung des obersten Hollersbachtals (Weißeneck),** aufgenommen in ca. 2650 m Höhe am Nordgrat des Abrederkopfes am 16. Oktober 1909. Neuschnee. Ungemein deutlich erkennt

man die steil absinkenden von früheren Gletschern herrührenden Untergrabungserscheinungen in den Karen — Karschliffkehlen (siehe S. 73). Die Rück-
wand des linken Kares (Bildmitte) ist durch Verwitterung bereits gefallen —
Bildung von Karscharten.

Abbildung 4[1]). (Seite 32.) **Hintersee (1300 m) und Talschlufs im
Felbertal.** Winterschneereste. Talstufe (700 m hoch) — Trogschluß (?) — über
dem Hintersee. Die ehemalige Ausdehnung des Sees und die ihn vernichtenden
Bachschwemmkogel sind deutlich wahrnehmbar. Sie sind ein Maß für die Zu-
schüttung seit 400 Jahren, der See wurde 1495 durch Bergsturz als Folge eines
Erdbebens gestaut.

Abbildung 5. (Seite 37.) **Trogschlufs (ca. 2250 m) im Amertal,**
aufgenommen von der Trogschulter der linken Talflanke aus am 26. September 1909.

Abbildung 6[2]). (Seite 46.) **Kaprunertal von der Schmittenhöhe
(1968 m).** Hintergrund Großglockner und Glocknerwand, rechts Kitzsteinhorn.
Der Stufenbau des Tals kommt zur Geltung: man nimmt besonders die Terrasse bei den Fürther Hütten gut wahr.

Abbildung 8. (Seite 55.) **Hintergrund des Hirzbachtals,** aufgenommen
vom Weg zum Hirzbachtörl am 17. Oktober 1910. Neuschnee. Rechts hinten
Punkt 3322 (Schneespitze des Hochtenn). Das Bild stellt die südliche Fortsetzung
und den Abschluß des auf Tafel I photographierten Trogtals dar.

Abbildung 9. (Seite 67.) **Alte Talbodenreste in 1200—1150 m
am Dirnbach** südlich Neukirchen im Salzachtal, aufgenommen vom rechten
Gehänge des Salzachtals in 1175 m am 4. Oktober 1909. Die Reste, vom Bach
in typischer Erosionsschlucht zerschnitten, treten als scheinbar ebene Gehänge-
Terrassen rechts und links des Wasserrisses unter dem Wald hervor und
brechen dann steil ab. Der Bach hat einen sehr bedeutenden, jetzt größtenteils
mit Wald und Gebüsch bestandenen Schwemmkegel aufgeschüttet.

Abbildung 10. (Seite 68.) **Alter Talboden östlich unter dem Pafs
Thurn (1273 m)** in 1200—1100 m, aufgenommen von der korrespondierenden
Terrasse östlich der Ausmündung des Hollersbachtals (18. Oktober 1909). Das
Niveau wird durch den als weißen Strich fast horizontal sich hinziehenden Straßen-
zug ungefähr bezeichnet.

Abbildung 11. (Seite 72.) **Trennungsgrat zwischen Horn- und
Waxeckkees** im Zemmgrund (Zillertal). Man erkennt den einspringenden
Winkel der Schliffkehle (Schliffkehle in den obersten Ursprungs-
gebieten vgl. S. 73), darüber den zackigen Hochgebirgsgrat, darunter den mäßig
geneigten Schliffbord, der links abwärts an dem ausspringenden Winkel des
Trograndes in die steilen Trogwände übergeht, an deren Fuß eine rezente
Ufermoräne, die rechts noch besser zur Geltung kommt, angelagert ist.

Abbildung 12. (Seite 73.) **Schliffkehle ca. 2500 m im obersten
Amertal** unter dem Punkt 2667 m nordwestlich des Kleinen Landeckkopfes,
aufgenommen von einem Standpunkt ca. 2400 m unter dem Riegelkopf am 26. September 1909. Die Kehle verläuft etwas über dem Nebelschleier inmitten des
Bildes. — Übergang von Kar- zu Gehängeschliffkehle.

---

[1]) Nach einer Aufnahme von A. Schmidt, Photograph, Mittersill.
[2]) Nach einer Aufnahme von L. Haidinger, Photograph, Zell am See.

Abbildung 13. (Seite 80.) **Sohle des obersten Habachtales.** Standpunkt der Aufnahme (12. Oktober 1909) unter der Kleinen Weitalm etwas über der Talsohle am rechten Gehänge in ca. 1700 m. Man sieht an der linken Flanke die bis zur Sohle herabreichenden Trogwände. Das Bild illustriert auch die geringfügige Stufung der Talsohle durch Schuttkegel.

Abbildung 14. (Seite 82.) **Trog des hinteren Habachtales.** Standpunkt (ca. 2000 m) der Aufnahme (12. Oktober 1909): Vorspringende Bastion in den Trogwänden der rechten Talseite unter der Großen Weitalm. Trogrand und Abstürze der Trogwände sind gut sichtbar, der Trogschluß ist durch Neuschnee verhüllt.

Figur 2. (Seite 97) gibt **schematische Querschnitte durch ein Längstal (A), ein breites (B) und ein schmales (C) Quertal.** Sie sucht einerseits die Höhendifferenz zwischen Gehängeresten (Trogschultern) in B und C und Gehänge- und Talbodenresten in A, B und C zu veranschaulichen, andererseits die Höhendifferenz der Trogränder in B und C.

In den drei Tälern ist der Ansatz des alten Talbodens ans alte Gehänge als einspringender Knick zu denken, wie es in A deutlich dargestellt ist. In den Figuren B und C kommt dieses Verhältnis infolge starker Verkleinerung der Originalzeichnung nicht genügend zur Geltung.

Tafel III gibt eine **Übersichtsskizze des Hauptkammes der Hohen Tauern,** seiner hauptsächlichsten nördlichen Verzweigungen und der zwischen ihnen liegenden Quertäler, sowie des Salzachtals, soweit es sich im Bereich des behandelten Gebietes erstreckt. Von den Kitzbühler Alpen ist der in Betracht kommende südliche Kamm aufgenommen. Die Gletscher- und Firnbedeckung der Hohen Tauern ist in großen Zügen angedeutet. An Nomenklatur wurde im wesentlichen nur die im Text erwähnte verzeichnet. Im übrigen muß auf die ausgiebig benutzten Spezialkarten (vgl. die Aufzählung Seite 6) verwiesen werden.

Tafel IV—VI geben **die Längsprofile** (vgl. S. 8ff.) **der nördlichen Quertäler der Hohen Tauern von Gastein bis Krimml.** Um Unübersichtlichkeit infolge zu vieler sich schneidender Profillinien zu vermeiden, wurden die Längsschnitte einiger Nebentäler parallel verschoben: Wurfbachtal, Tauernmoos und Amertal auf Tafel V, Seitenwinkel- und Siglitztal auf Tafel VI. Für sie haben daher die laufenden Kilometerzahlen keine Geltung, so wenig wie für die Unterläufe des Rauris- und des Gasteinertales (Tafel VI), welche links an die Oberläufe angestückt zu denken sind, der Raumersparnis wegen aber darunter gezeichnet wurden.

Auf Tafel IV gibt die Zeichnung nach der Karte den Trogschluß des Windbachtals als einspringenden Winkel. In der Natur findet man eine, wenn auch nicht sehr ausgeprägte ausspringende Kante, das gleiche Verhältnis besteht beim Trogschluß des Kratzenbergtals, den die Profillinie (Tafel V) nicht hervortreten läßt. Auch der in der Tat in ca. 2150 m vorhandene Trogschluß des Bockharttals kommt auf der Zeichnung (Tafel VI) nicht zur Geltung.

Von Wachtberg-, Sulzbach- und Weichselbachtal sind auf Tafel VI nur die Unterläufe (Stufenmündungen) aufgenommen, da der weitere Verlauf kein besonderes Interesse bietet.

Literatur-Übersicht.

A. Hohe Tauern.

K. Peters, d. geol. Verhält. d. Oberpinzgaues, insbes. d. Zentralalpen. Jahrb.
d. K. K. Geol. R.-A. Bd. V. 1854.

M. V. Lipold, d. Gefälle d. Flüsse i. Kronland Salzburg. Jahrb d. K. K. Geol.
R.-A. Bd. V, 1854. Tab. I, S. 618—620.

C. v. Sonklar, d. Gebirgsgruppe der Hohen Tauern. Wien 1866.

F. Simony, aus dem Pinzgau. Mitt. d. K. K. Geogr. Ges. Wien 1872. S. 428 bis
430, 479—486.

E. Brückner, d Hohen Tauern u. ihre Eisbedeckung. Zt. d. D. u. Ö. A.-V. 1886.

F. Löwl, d. Großvenediger. Jahrb. d. K. K. Geol R.-A. 44. Bd. 1894.

E. Richter, d. Hohen Tauern, Erschließung d. Ostalpen. Bd. III. Berlin 1894.

F. Löwl, d. Granatspitzkern. Jahrb d. K. K. Geol. R.-A. 45. Bd. 1895.

W. Schjerning, d. Pinzgau, Forschgn. z. Deutschen Landes- u Volkskde.
Bd. X. Heft 2.

A. Penck, Gletscherstudien im Sonnblickgebiet. Zt. d. D. u. Ö. A.-V. 1897.

B. Allgemeine Literatur.

L. Rütimeyer, ü. Tal- u. Seebildung. Basel 1869.

F. Simony, Gletscher- u. Flußschutt als Objekt wissensch. Detailforschung.
Mitt. d K. K. Geogr. Ges. 1872.

C. v Sonklar, d. Zillertaler Alpen. Erg.-Heft Nr. 32 z. Peterm. Mitt. 1872.

*A. Supan, Studien ü. d. Talbildg. d. östl. Graubündens u. d. Tiroler Zentral-
alpen. Mitt. d. K. K. Geogr. Ges. 1877.

A. Heim, ü. d. Erosion im Gebiet der Reuß. Jahrb. d. Schweiz. Alp.-Klubs 1879.
—, ü. Verwitterung im Gebirg. Basel 1879.

A. Bodmer, Terrassen u. Talstufen der Schweiz. Auszug in Viertelj.-Schr. d.
Naturf.-Ges. Zürich. Bd. 25. 1880.

*F. Löwl, ü. d. Terrassenbau d. Alpentäler. Pet. Mitt. 1882.

A. Penck, d. Vergletscherung d. Deutschen Alpen. Leipzig 1882.

*F. Löwl, ü. Talbildung. Prag 1884.

A. Penck, Periodizität d. Talbildung. Verh. d. Ges f. Erdkde. zu Berlin 1884.

A. Geistbeck, d. Seen d Deutschen Alpen. Mitt. d. Ver. f. Erdkde. Leipzig 1885.

A. Penck, Talbildung i. d. Alpen. Mitt. d. D. u. Ö. A.-V. 1885. S. 83.

*A. v. Böhm. d. alten Gletscher der Enns u. Steyr. Jahrb. d. K. K. Geol.
R.-A. 35. Bd. 1885.

A. Philippson, ein Beitrag zur Erosionstheorie. Peterm. Mitt. 1886.

*E. Brückner, d. Vergletscherung d. Salzachgebiéts etc. Pencks Abh. 1886.

*A. Böhm, d. Hochseen d. Ostalpen. Mitt. d. K. K. Geogr. Ges. Wien 1886.

*—, Einteilg. d. Ostalpen. Pencks Abh. I, 3 1886

A. Penck, d. Bildg. d. Durchbruchstäler. Schr. d. Ver. zur Verbr. naturw.
Kenntnisse. Wien. XXVIII. 1887/88.

F. Löwl, Siedlungsarten in den Hochalpen. Forsch. z. Deuts h. Landes- u.
Volkskde. II, 6. Stuttgart 1888.

*E. Richter, Gletscher d. Ostalpen. Stuttg. 1888. S 210 ff.

*E. Sueß, d. Antlitz d. Erde. III, 2 S. 167 f.

V. Hilber, d. Bildung der Durchgangstäler. Pet. Mitt. 1889

A. Penck, d. Endziel d. Erosion u. Denudation. Verh. d. 8. Deutsch. Geogr.-Tags. Berlin.

S. Finsterwalder, wie erodieren d. Gletscher? Ztschr. d. D. u Ö. A.-V. 1891.

E. Richter, Geschichte der Schwankungen d. Alpengletscher. Ztschr. d. D. u. Ö. A.-V. 1891.

E. v. Drygalski, Grönlands Gletscher u. Inlandeis. Ztschr. Ges. f. Erdkde. Berlin 1892.

—, ein typisches Fjordtal. Richthofen-Festschr. 1893.

A. Penck, Morphologie d Erdoberfl. Stuttg. 1894. I. 259—385; II, 58 141, 203 ff.

E. Richter, d. wissenschaftl. Erforschg. d. Ostalpen etc. Ztschr. d. D. u. Ö. A.-V. 1894.

*E. Fugger, d Hochseeu. Mitt. d. K. K. Geogr. Ges. Wien 1896.

E. Richter, aus Norwegen. Ztschr. d. D. u. Ö. A.-V. 1896.

S. Finsterwalder, d. Vernagtferner. Wiss. Erg.-H., hgg. v. D. u. Ö. A.-V. 1897.

E. v. Drygalski. d. Grönlandexp. d. Ges. f. Erdkde. zu Berlin. 1897. I. Bd.

*F. Frech, über Muren. Ztschr. d. D. u. Ö. A.-V. 1898. S. 8.

A Baltzer, Studien am Untergrindelwaldgletscher. Denkschr. d. Schw. naturf. Ges. 1899. 1. Bd.

J. Cvijić, d. Rilagebirge u. seine ehemal. Vergletscherung. Ztsch. Ges. f. Erdkde. Berlin 1898.

E. v. Drygalski, d. Eisbewegung, ihre phys. Ursachen u. ihre geogr. Wirkgn. Pet. Mitt. 1898.

A. Blümcke u. H. Heß, Untersuchgn. am Hintereisferner. Wiss. Erg.-Hefte, hgg. v. D. u. Ö. A.-V. I, 2.

A. Penck, d. Übertiefg. d. Alpentäler. Verh. d. 7. intern. Geogr.-Kongr. Berl. 1899.

*E. Richter, Gebirgshebung u. Talbildung. Ztschr. d. D. u. Ö. A.-V. 1899.

W. M. Davis, the Geographical Cycle. Geogr. Journ XIV. 1899.

S. Günther, Handbuch d. Geophysik Stuttgart 1899.

P. Wagner, d. Seen d. Böhmerwalds. Wiss. Veröff. d. Ver. f. Erdkde. zu Leipzig. 4. Bd. S. 72 f. 1899.

*E Richter, geomorphologische Untersuchungen d. Hochalpen. Erg.-Heft Nr. 132 zu Petermanns Mitt. 1900.

W. Salomon, können Gletscher im anstehenden Fels Kare etc. erodieren? Neues Jahrb. f. Mineralogie. Bd. II 1900.

A. v. Böhm, d. alten Gletscher der Mur u. Mürz. Abh. d. K. K. Geogr. Ges. Wien 1900.

W Kilian, note sur le surcreusement des vallées alpines. Annales de l'univers. d. Grenoble. Bd. 13. 1901.

E. de Martonne, sur la formation des cirques. Annales de Géographie 1901.

*A. Penck u E. Brückner, d. Alpen im Eiszeitalter. 1901—1909.

S. Günther, d. gegenwärtige Stand d. Lehre von der Glazialerosion. Verh. d. 13. Deutsch. Geogr.-Tag. 1901.

*J. Blaas, Geolog. Führer d. d. Tiroler u. Vorarlberger Alpen. 1902.

*C. Diener, Bau und Bild der Ostalpen. 1902.

H Heß, d. Taltrog. Pet. Mitt. 1903.

Penck-Richter, Glazialexkursion in d. Ostalpen. Int. Geol.-Kongr. Wien 1903. Nr. XII d. Exkurs.-Führer.

*F. Löwl, Führer f. d. Geol. Exkurs in Österreich. 9. Internat. Geol.-Kongr. Wien 1903. Nr. IX.

*H. Heß, d. Gletscher. 1904.

A. Blümcke u. H. Heß, Ber. ü d. wissenschaftlichen Untern. d. D u. Ö. A.-V.; Mitt. d. D. u. Ö. A.-V. 1904.

W. M. Davis, the sculpture of mountain by glaciers Scott Geogr. Magaz. 1906.

J. Brunhes, le problème de l'érosion et du surcreusement glaciaires, Act. de la soc. helv. des sc. nat.

E. Geinitz, d. Eiszeit. Braunschweig 1906.

O. Ampferer, glaz.-geol. Beob. im unteren Inntal. Ztschr. f. Gletscherkde. 1907/08. S. 29, 112.

H. Heß, alte Talböden im Rhonegebiet. Ztschr. f. Gletscherkde. 1908. Heft 5

*J Sölch, Studien üb. Gebirgspässe. Forschgn. z. Deutschen Landes- und Volkskde. XVII, 2. 1908.

F Jaeger, d. glazialmorph. Exk. d. Genf. Intern. Geogr.-Kongr. ins Chamonix-gebiet etc. Geogr. Ztschr. 1908.

O. Ampferer, ü. d. Entstehung d. Inntalterrassen. Ztschr. f. Gletscherkde. 1908/09.

R. Lucerna, glazialgeol. Untersuchg. d. Liptauer Alpen. Sitz.-Ber. K. Ak. d. Wiss Wien, math.-nat. Kl. Bd. 117 Abt. 1, 1908.

H. Crammer, zur Frage ineinander geschalteter Taltröge in den Alpen. Ztschr. für Gletscherkde. III. Bd. 1908/09.

J. Stiny, die Muren. Innsbruck 1910.

R. Hauthal, ein Beitr. zur Frage: Können Gletscher erodieren? Verh. des Deutschen Naturf.- u. Ärztetages. Salzburg 1909.

E. Gogarten, üb. alpine Randseen u. Erosionsterrassen. Pet. Mitt. Erg.-Heft 165. 1910.

J. Coaz, Statistik u. Verbau d. Lawinen i. d. Schweizeralpen. Bern 1910.

F. Nußbaum, d. Täler d. Schweizer Alpen. Berner Alpines Museum 1910.

Die Klimaänderungen seit dem Maximum der letzten Eiszeit. Stockholm 1910.

W. Salomon, d. Adamellogruppe. II. Tl. Abh. d. K. K Geol. R.-A. Bd. 21, Heft 2. 1910.

E. J. Garwood, features of alpine scenery to glacial protection. Geogr. Journ. 1910.

H. Lautensach, glazialmorphologische Studien im Tessingebiet[1]). Inaug.-Diss. Berlin 1910.

Die mit * bezeichneten Werke und Abhandlungen enthalten auf die Hohen Tauern und deren Täler bezügliche Notizen.

---

[1]) In diese Schrift, welche mit der vorliegenden Arbeit zahlreiche sachliche Berührungspunkte besitzt, bekam ich erst kurz vor der Drucklegung der letzteren (Ende November 1911) Einsicht.

L. Distel, Hohe Tauern.

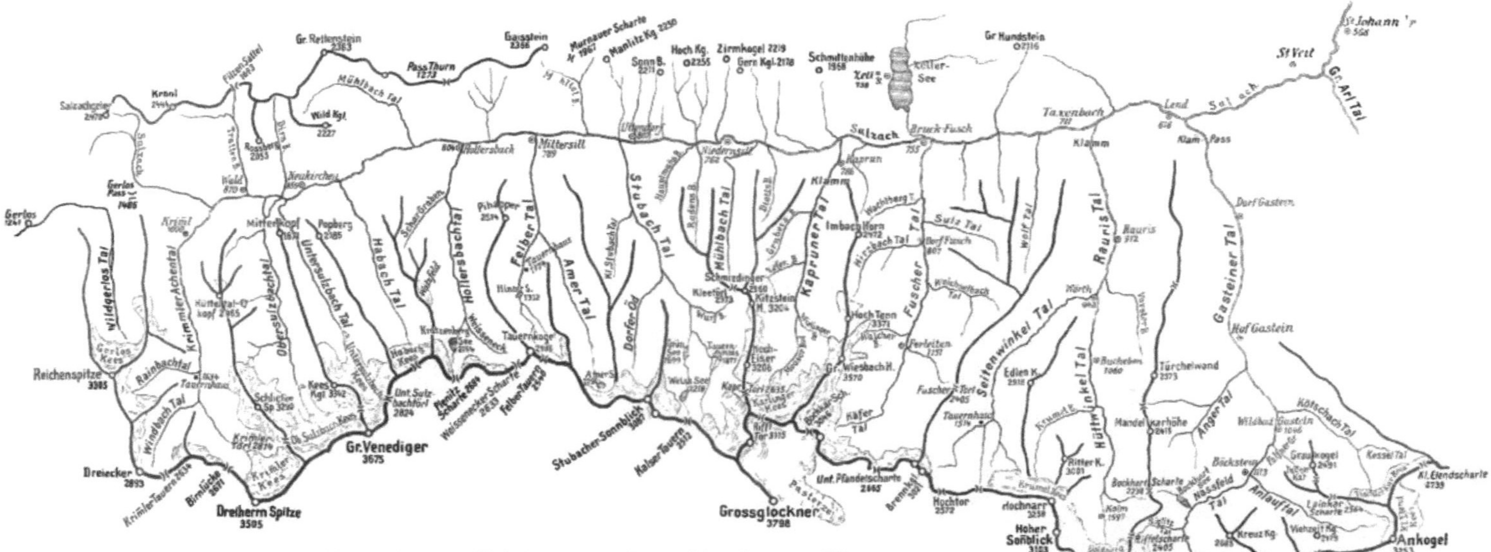

Mitteilungen der Geograph. Gesellschaft in München Band VII 1912 Tafel III.

Karten-Skizze der Hohen-Tauern

Masstab 1:250000.

L. Distel gez.

Kartogr. Anstalt Köhler

Längs-Profile: Krimmler Achental, Obersulzbachtal, Untersulzbachtal.
I = Krimmler Achental
II = Rainbachtal
III = Windbachtal
Längenmasstab 1:100000.
Höhenmasstab 1:50000.
aus den Karten entnommene
auf Beobachtung beruhende
über Eis und Firn verlaufende
Profillinie
Simony Sp. 3500
Zillerscharten Sp. 3197
Krimmler Tauern 2623
Richterhütte
Trogschluss
Trogschluss
Krimmler Kees
Innerkees Alm
Mündung d. Rainbachtals
Mündung d. Windbachtals
Holzlahner Alm
Wasserfälle
Krimml
Kilometer 20
Obersulzbachtal
Obersulzbach - Törl 2926
Obersulzbach - Kees
Trogschluss ?
Türkische Zeltstadt
Filzwald Alm
Wim. A.
Foissen Alm   Schütthof Alm
Posch Alm
Kampriesen Stufe
Sulzau
Kilometer 20
Untersulzbachtal
Untersulzbach - Törl 2665
Untersulzbach - Kees
Gletscherende
Ascham Alm
Schöllhof Alm
Wasser- fall
Kilometer 20

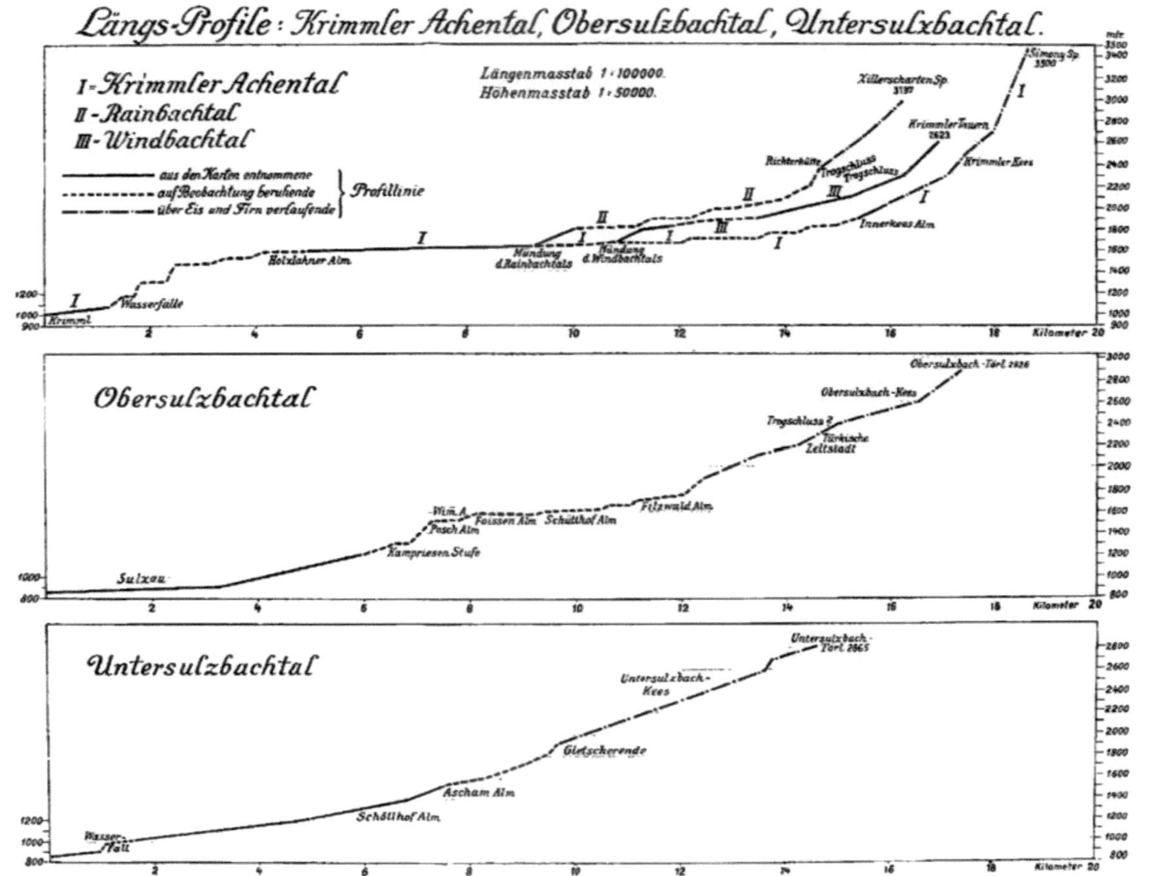

L. Distel gez.

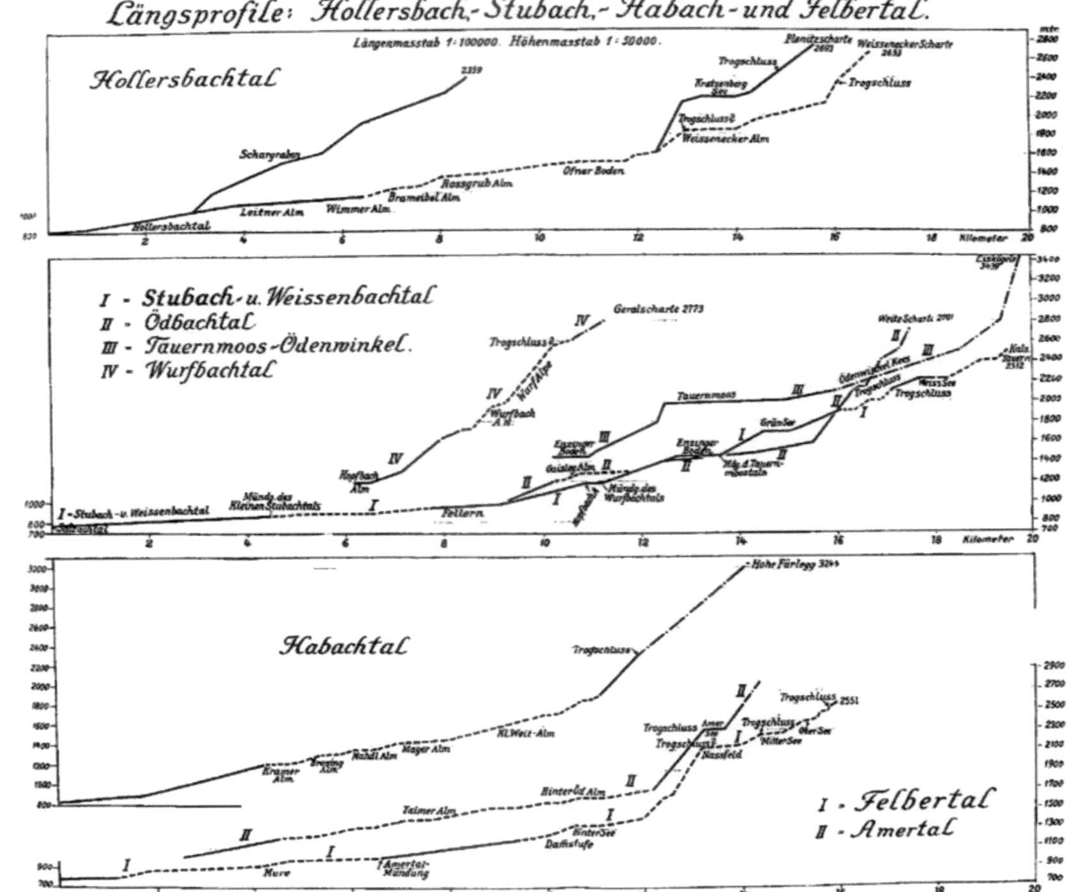
Längsprofile: Hollersbach-, Stubach,- Habach- und Felbertal.
Längenmasstab 1:100000. Höhenmasstab 1:50000.
Hollersbachtal
I - Stubach- u. Weissenbachtal
II - Ödbachtal
III - Tauernmoos-Ödenwinkel.
IV - Wurfbachtal
Habachtal
I - Felbertal
II - Amertal
L. Distel gez.

Längsprofile: Fuschertal, Kaprunertal, Raurisertal, Gasteinertal.

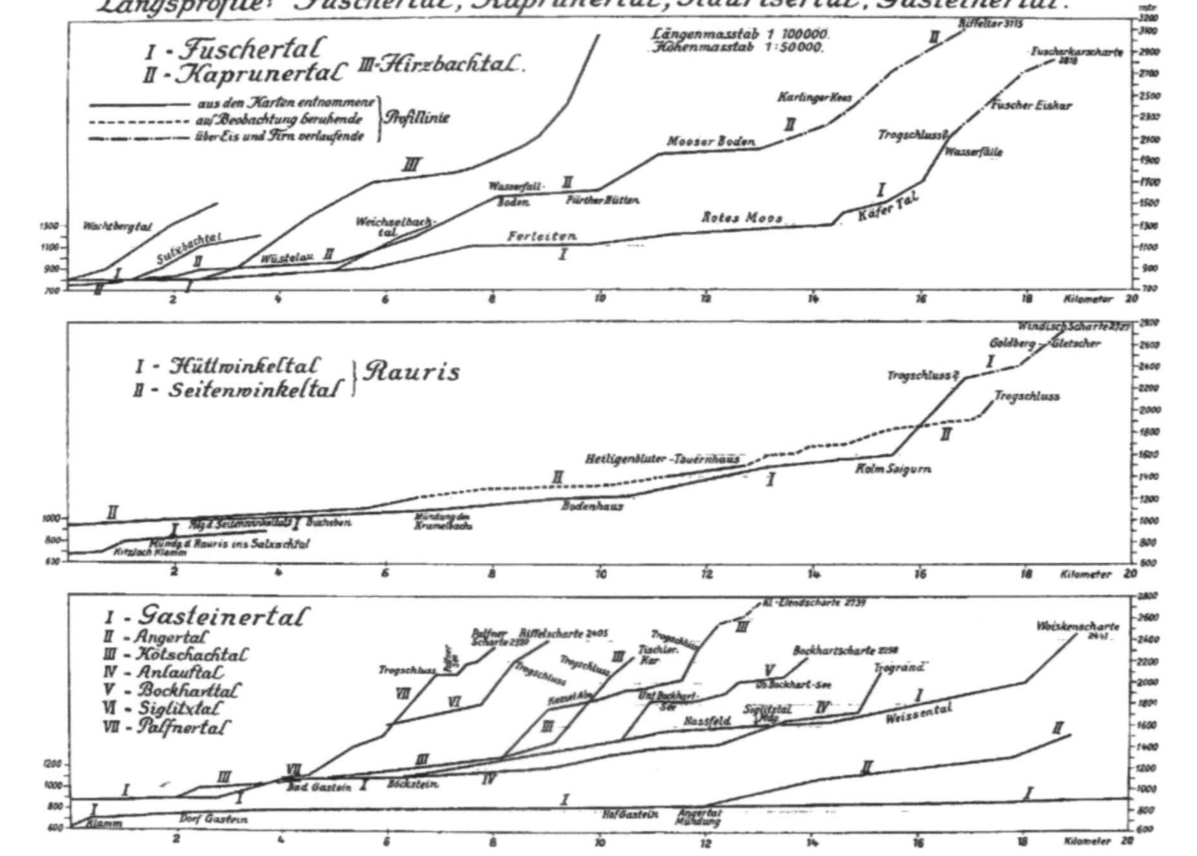